"十四五"职业教育国家规划教材

高等职业教育新形态一体化教材

Python 大数据技术系列

数据分析技术
——Python数据分析项目化教程（第2版）

薛国伟　主编

中国教育出版传媒集团

高等教育出版社·北京

内容提要

本书为"十四五"职业教育国家规划教材，是 Python 大数据技术系列教材之一。

本书从介绍 Python 程序设计的相关技能入手，手把手带领读者使用 Python 语言设计数据分析程序。本书内容主要包括安装、配置 Python 数据开发环境的方法、Python 语言基础、使用 Python 进行数据分析的基本方法、使用 numpy 进行数据分析的基本方法、使用 pandas 进行数据分析的基本方法和数据可视化技术等，培养信息技术类高素质技术技能人才应具备的职业素养。

本书配有微课视频、教学设计、授课用 PPT、案例素材、习题答案等数字化学习资源。与本书配套的数字课程"智能化数据爬取与分析"在"智慧职教"平台（www.icve.com.cn）上线，学习者可登录平台进行在线学习，授课教师可调用本课程构建符合自身教学特色的 SPOC 课程，详见"智慧职教"服务指南。教师如需获取本书配套资源，请登录"高等教育出版社产品信息检索系统"（https://xuanshu.hep.com.cn/）免费下载。

本书可作为高等职业院校大数据技术、人工智能技术应用、软件技术等专业的数据分析类课程授课教材，也可作为有意向从事数据分析工作相关人士的自学参考书。

图书在版编目（CIP）数据

数据分析技术：Python 数据分析项目化教程 / 薛国伟主编. —2 版. —北京：高等教育出版社，2024.6
ISBN 978-7-04-062015-3

Ⅰ.①数… Ⅱ.①薛… Ⅲ.①软件工具-程序设计-高等职业教育-教材 Ⅳ.①TP311.561

中国国家版本馆 CIP 数据核字（2024）第 059466 号

SHUJU FENXI JISHU——PYTHON SHUJU FENXI XIANGMUHUA JIAOCHENG

| 策划编辑 | 白　颢 | 责任编辑 | 侯昀佳 | 封面设计 | 王　洋 | 版式设计 | 于　婕 |
| 责任绘图 | 李沛蓉 | 责任校对 | 陈　杨 | 责任印制 | 刘思涵 | | |

出版发行	高等教育出版社	网　　址	http://www.hep.edu.cn
社　　址	北京市西城区德外大街 4 号		http://www.hep.com.cn
邮政编码	100120	网上订购	http://www.hepmall.com.cn
印　　刷	高教社（天津）印务有限公司		http://www.hepmall.com
开　　本	787 mm×1092 mm　1/16		http://www.hepmall.cn
印　　张	11.75	版　　次	2018 年 10 月第 1 版
字　　数	290 千字		2024 年 6 月第 2 版
购书热线	010-58581118	印　　次	2024 年 12 月第 3 次印刷
咨询电话	400-810-0598	定　　价	39.00 元

本书如有缺页、倒页、脱页等质量问题，请到所购图书销售部门联系调换
版权所有　侵权必究
物　料　号　62015-00

Ⅲ "智慧职教"服务指南

"智慧职教"（www.icve.com.cn）是由高等教育出版社建设和运营的职业教育数字教学资源共建共享平台和在线课程教学服务平台，与教材配套课程相关的部分包括资源库平台、职教云平台和 App 等。用户通过平台注册，登录即可使用该平台。

● 资源库平台：为学习者提供本教材配套课程及资源的浏览服务。

登录"智慧职教"平台，在首页搜索框中搜索"智能化数据爬取与分析"，找到对应作者主持的课程，加入课程参加学习，即可浏览课程资源。

● 职教云平台：帮助任课教师对本教材配套课程进行引用、修改，再发布为个性化课程（SPOC）。

1. 登录职教云平台，在首页单击"新增课程"按钮，根据提示设置要构建的个性化课程的基本信息。

2. 进入课程编辑页面设置教学班级后，在"教学管理"的"教学设计"中"导入"教材配套课程，可根据教学需要进行修改，再发布为个性化课程。

● App：帮助任课教师和学生基于新构建的个性化课程开展线上线下混合式、智能化教与学。

1. 在应用市场搜索"智慧职教 icve" App，下载安装。

2. 登录 App，任课教师指导学生加入个性化课程，并利用 App 提供的各类功能，开展课前、课中、课后的教学互动，构建智慧课堂。

"智慧职教"使用帮助及常见问题解答请访问 help.icve.com.cn。

前　言

本书为"十四五"职业教育国家规划教材，也是 Python 大数据技术系列教材之一。

本书以数据分析开发岗位必备技能为核心，帮助学习者学习应用 Python 程序设计语言进行数据分析的知识、技术和技能。本书主编结合产业实际情况、数据分析技术特点以及高职学生认知规律，与腾讯科技（深圳）有限公司的资深工程师合作，依照初学者的学习路径和学习曲线，设计编排 6 个教学项目。

项目 1 为实操 Python 数据分析开发环境的安装和配置。在 Windows 操作系统中安装、配置 Python 及其第三方扩展包，以及安装 Anaconda 软件并使用 conda 管理虚环境的方法。

项目 2 为点餐系统案例。通过本案例的学习，学习者可以掌握数据分析开发的 Python 语言基础，并初步了解数据分析技术解决问题的逻辑。

项目 3 为景区游客量统计案例。通过本案例的学习，学习者可以掌握使用 Python 语言、numpy 包和 pandas 包进行数据分析的基本方法，能够读写电子表格，熟练使用常用函数。

项目 4 为股票分析案例。通过本案例的学习，学习者可以熟练使用 numpy 的数组进行数据分析，并可以熟练使用统计函数求解常见统计量。

项目 5 为井下环境监测数据处理案例。通过本案例的学习，学习者可以分析数据中的缺失值和异常值，并使用 numpy 和 pandas 的工具进行处理，可以初步进行数据可视化的分析工作。

项目 6 为超市商品销售额分析案例。通过本案例的学习，学习者可以根据需求，对数据进行相关性分析，能够使用 numpy 和 pandas 的工具求解相关矩阵等，具备数据可视化分析能力。

本书的主要特点如下。

① 培养德才兼备的技术技能人才，"技能+素养"教育贯穿全书。在案例中，融入劳动精神、职业素养和大国工匠等元素，通过设置"素养提升"模块，将社会主义核心价值观有机融入教材，切实提升学习者的工匠精神、劳动精神，以推动党的二十大精神进教材、进课堂、进头脑。

② 项目引领，校企"双元"开发，产教融合特征明显，切实对接就业岗位需求。本书的案例源信息技术产业自头部企业及其生态企业真实项目，既贴近生产、生活，又富于趣味性，以充分调动学生的学习积极性。

由于编者水平有限，书中难免不妥之处，请批评指正。

编者
2024 年 5 月

目 录

项目 1 搭建 Python 数据分析开发环境   1

- 1.1 情境描述   2
- 1.2 任务分析   2
- 1.3 任务实施：安装并配置 Python 开发环境   3
  - 1.3.1 安装 Microsoft Visual C++ Build Tools   3
  - 1.3.2 安装 Python   4
  - 1.3.3 设置环境变量   7
  - 1.3.4 安装 numpy   10
  - 1.3.5 安装 pandas   12
  - 1.3.6 安装 Matplotlib   13
- 1.4 拓展任务：安装 Anaconda 开发环境   14
- 1.5 知识储备   17
  - 1.5.1 IDLE 开发环境介绍   17
  - 1.5.2 使用 pip 进行第三方库管理   19
  - 1.5.3 Anaconda 开发环境介绍   20
  - 1.5.4 管理虚环境   21
  - 1.5.5 使用 conda 管理第三方库   23
- 1.6 素养提升   24
- 1.7 课后练习   24

项目 2 点餐系统   25

- 2.1 情境描述   26
- 2.2 任务分析   26
- 2.3 任务实施   26
  - 2.3.1 设计入口程序   26
  - 2.3.2 设计费用计算函数   28
  - 2.3.3 设计点餐模块   29
  - 2.3.4 设计打印报告模块   32
  - 2.3.5 设计导出报表模块   33
  - 2.3.6 退出程序   34
- 2.4 知识储备   35
  - 2.4.1 Python 解释器   35
  - 2.4.2 引入模块   36
  - 2.4.3 Python 语言基础   38
  - 2.4.4 控制流   46
  - 2.4.5 三元表达式   48
  - 2.4.6 文件操作   48
- 2.5 素养提升   50
- 2.6 课后练习   51

项目 3 景区游客量统计   53

- 3.1 情境描述   54
- 3.2 任务分析   54
- 3.3 任务实施：使用 Python 实现   55
  - 3.3.1 计算九寨沟的游客总量   55
  - 3.3.2 计算其他景区的游客总数   58
- 3.4 任务实施：使用 numpy 和 pandas 实现   62
  - 3.4.1 使用 numpy 实现   62
  - 3.4.2 使用 pandas 实现   65
  - 3.4.3 3 种实现方法比较   67
- 3.5 知识储备   67
  - 3.5.1 数据分析技术简介   67
  - 3.5.2 csv 文件介绍   67
  - 3.5.3 Excel 文件介绍   68
  - 3.5.4 Python 常用数值类型   68

3.5.5 字符串类型	68
3.5.6 布尔值类型	73
3.5.7 日期和时间类型	75
3.5.8 元组	78
3.5.9 列表	81
3.5.10 字典	85
3.5.11 集合	88
3.6 素养提升	90
3.7 课后练习	91

项目 4　股票分析　95

4.1 情境描述	96
4.2 任务分析	96
4.3 任务实施	97
4.3.1 计算收盘价常用统计量	97
4.3.2 计算股价最高值和最低值	99
4.3.3 计算成交量加权平均价	101
4.3.4 "周末效应"分析	103
4.4 知识储备	105
4.4.1 numpy 简介	105
4.4.2 使用 numpy 数组对象	105
4.4.3 使用 numpy 的函数读写文件	120
4.5 素养提升	124
4.6 课后练习	124

项目 5　井下环境监测数据处理　127

5.1 情境描述	128
5.2 任务分析	128
5.3 任务实施	129
5.3.1 井下温度缺失值和异常值处理	129
5.3.2 处理其余井下环境指标数据	136
5.3.3 使用 pandas 处理缺失数据	142
5.4 知识储备	149
5.4.1 pandas 介绍	149
5.4.2 pandas 的 Series 对象	149
5.4.3 pandas 的 DataFrame 对象	155
5.4.4 使用 pandas 的函数读写文件	160
5.5 素养提升	164
5.6 课后练习	164

项目 6　超市商品销售额分析　165

6.1 情境描述	166
6.2 任务分析	166
6.3 任务实施	167
6.3.1 分析水果和化妆品销售额的相关性	167
6.3.2 分析化妆品和蔬菜的相关性	169
6.3.3 分析化妆品和海鲜销售额的相关性	171
6.3.4 使用 pandas 分析多种商品销售额的相关性	172
6.4 知识储备	173
6.4.1 方差、标准差、协方差、相关系数	173
6.4.2 使用 Matplotlib 进行数据可视化	175
6.5 素养提升	179
6.6 课后练习	179

项目 1　搭建 Python 数据分析开发环境

——工欲善其事，必先利其器

学习指导

知识目标	了解常用的 Python 开发环境
	了解扩展包的安装机制
	了解虚环境的功能和作用
技能目标	能够安装 Anaconda、Python 等集成开发环境
	能够安装 numpy、pandas 和 Matplotlib 等数据分析和可视化工具
	能够使用 Notebook 进行开发
	能够配置 Windows 环境变量
	能够配置 Windows 开发环境

项目 1　搭建 Python 数据分析开发环境

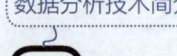
PPT：数据分析技术简介

视频 1
数据分析技术简介

1.1　情境描述

欢喜科技公司是一家新成立的大数据分析公司。自公司成立以来，很多客户表达了合作的意向，希望欢喜科技能够对本公司的数据进行分析并进行可视化呈现，根据结果有针对性地制定公司经营策略，提升收益。经过讨论研究，公司决定使用 Python 语言作为数据分析的开发语言，并使用 numpy 和 pandas 作为数据分析的工具。接下来的工作是选择集成开发环境并进行安装调试。

欢喜科技公司将这项任务交给了小刘，小刘要考虑在何种环境进行开发、使用哪个集成开发环境。

经过调研与分析，小刘认为应该使用 Python 3.x 版本，可以选用 Anaconda 集成开发环境进行开发。该环境包含了多个 Python 编辑器，并预先安装了 numpy 和 pandas 等常用的数据分析工具，能够满足公司进行数据分析的需求。

1.2　任务分析

1. 操作系统的选择

Python 是跨平台的程序设计语言，可以在 Windows、Linux 等操作系统下运行。Linux 发行版自带 Python 程序，可以较为容易地安装第三方开发包。但是 Linux 对图形界面的支持有限，对用户友好程度不够，导致初学者使用不便。

Windows 具有简单、易用的图形界面，而且主流的 Python 语言开发工具都具有 Windows 版本，对于扩展包的管理也越来越成熟，因而本任务选择使用 Windows 操作系统进行开发。

2. Python 开发语言的选择

当前，使用较多的 Python 语言有 2.x 版本和 3.x 版本。与 2.x 版本相比，3.x 版本有较大的改进，而且越来越多的第三方库只支持 3.x 版本。本书选择使用 Python 3.12.0 版本进行开发。

3. 开发平台的选择

Python 作为一门应用越来越广泛、用户越来越多的程序设计语言，其第三方扩展包也越来越多。在不同的领域，都有知名的扩展包作为支持。在数据分析领域，最有名的是 numpy 和 pandas；在数据可视化领域，应用最广泛、最普及的是 Matplotlib。

对于这些扩展包而言，一个重要的问题是这些扩展包之间的依赖性。这意味着用户在安装第三方扩展包的时候，不得不考虑需要其他扩展包的支持。特别是一些较老版本的 Python 开发环境，需要耗费较多的精力才能完成开发环境的搭建。

Python 提供了 pip 工具，可以方便、有效地支持第三方扩展包的管理。开发者也可以使用 Anaconda 这样的集成开发环境，配置科学计算、工程和数据分析等第三方扩展包。

1.3 任务实施：安装并配置 Python 开发环境

除使用 Anaconda 集成开发环境之外，也可以独立安装 Python、numpy、pandas 和 Matplotlib 等相关库。本节实操 Python 3.12.0 安装开发环境，以及使用安装文件安装 Python 及其扩展包。

Python 的众多扩展包存在依赖关系，为了保证安装成功，本节使用 pip 进行在线安装。

1.3.1 安装 Microsoft Visual C++ Build Tools

在安装 Python 的某些基于 C++语言编写的扩展包时，需要系统预先安装 Microsoft C++ 生成工具（Microsoft C++ Build Tools）。本节介绍该工具的安装方法。在这里，采用下载安装的方式。

Step 1：下载安装包

使用浏览器登录 Visual Studio 官方网址。在该界面单击"下载生成工具"按钮，如图 1-1 所示。

素材：visualcppbuild tools_full

PPT：安装 Python 集成开发环境

视频 2 安装 python 集成开发环境

图 1-1 Microsoft C++ 生成工具下载界面

Step 2：安装 Microsoft C++ 生成工具

下载后的安装程序图标如图 1-2 所示。

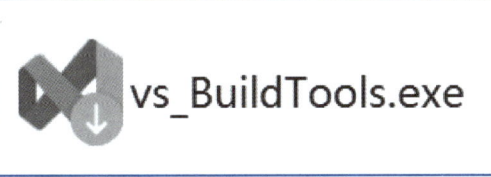

图 1-2 Microsoft C++生成工具安装程序图标

双击该图标，开始安装，安装过程如图 1-3 所示。

Step 3：完成安装

经过一段时间的下载、安装后，完成软件的安装。单击右上角的关闭按钮完成安装，如图 1-4 所示。

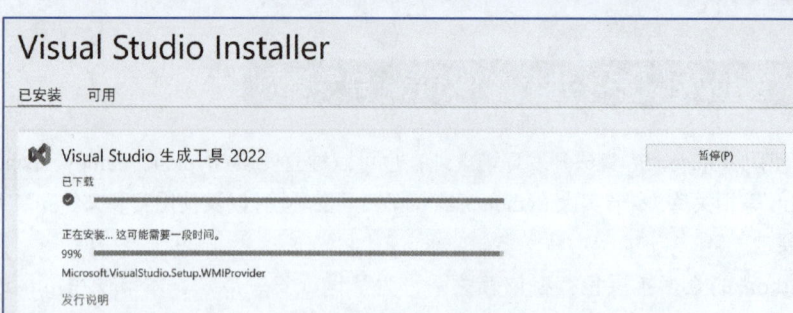

图 1-3
Microsoft C++生成工具安装过程界面

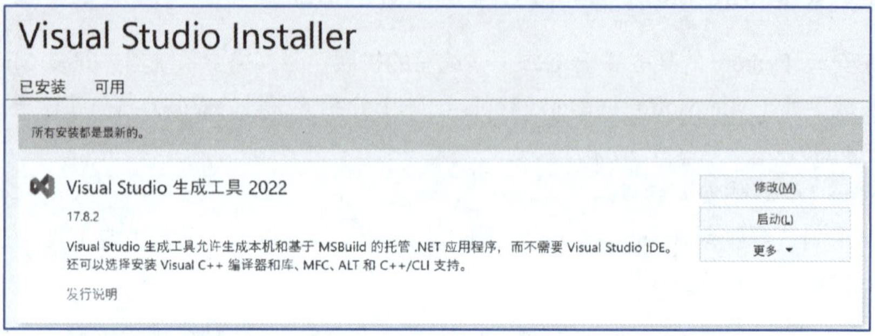

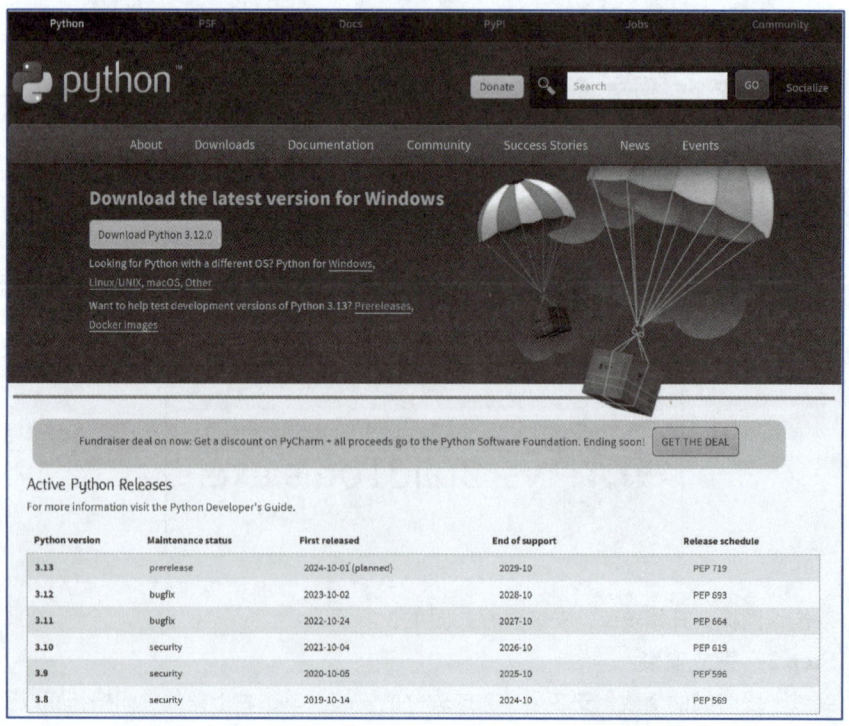

图 1-4
Microsoft C++生成工具安装完成界面

1.3.2 安装 Python

Step 1：访问 **Python** 官方网站

登录 Python 官方网站下载界面，如图 1-5 所示。

图 1-5
Python 下载界面

Step 2：下载程序安装包

单击"Download Python 3.12.0"按钮，下载 Python 安装文件，如图 1-6 所示。

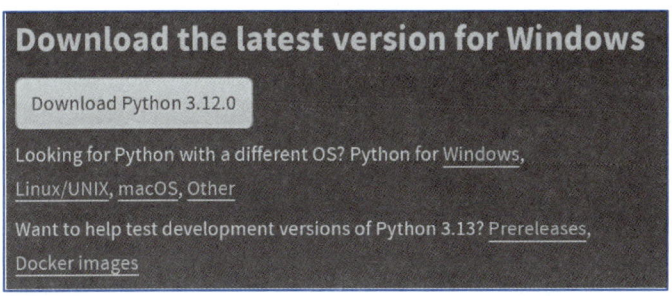

图 1-6
下载 Python 3.12.0

Step 3：安装 Python 3.12.0

下载后的安装程序图标如图 1-7 所示。

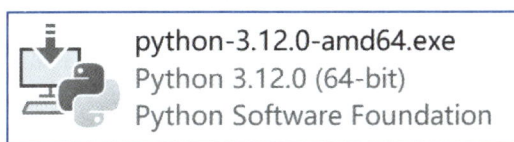

图 1-7
Python 3.12.0 安装程序图标

双击该图标开始安装。

Step 4：选择默认设置或自定义安装选项

对于 Python 的安装，可以选择默认设置，也可以由用户配置相关选项，如图 1-8 所示。

图 1-8
选择 Python 3.12.0
安装方式

通过单击"Install Now"按钮开始进行默认设置安装。在该模式下，安装程序默认安装常用的工具，如 IDLE、pip 以及帮助文档等，并且在安装完成后默认创建快捷方式，进行相关的文件关联。

用户也可以根据个人需要，选择自定义安装，即"Customize installation"。

由于默认设置安装已经可以满足本书的需求，因此这里选择使用默认设置安装。

Step 5：完成 Python 3.12.0 安装

经过一段时间后，完成安装，安装过程如图 1-9 所示。

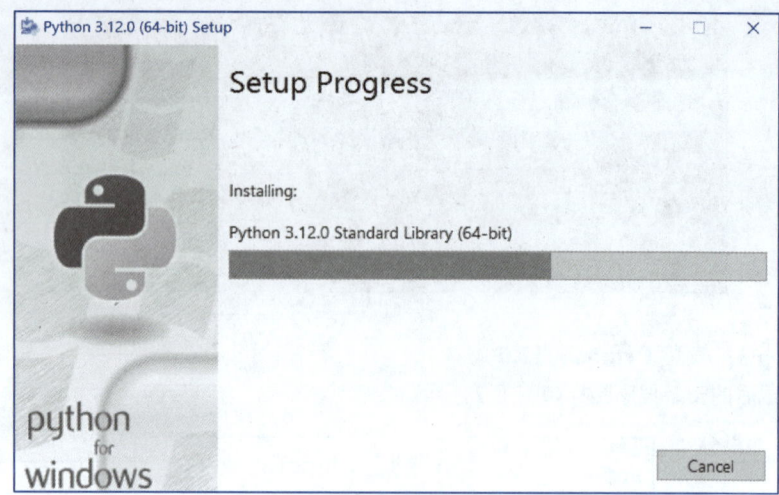

图 1-9
Python 3.12.0
安装过程

安装成功后，单击"Close"按钮完成安装，如图 1-10 所示。

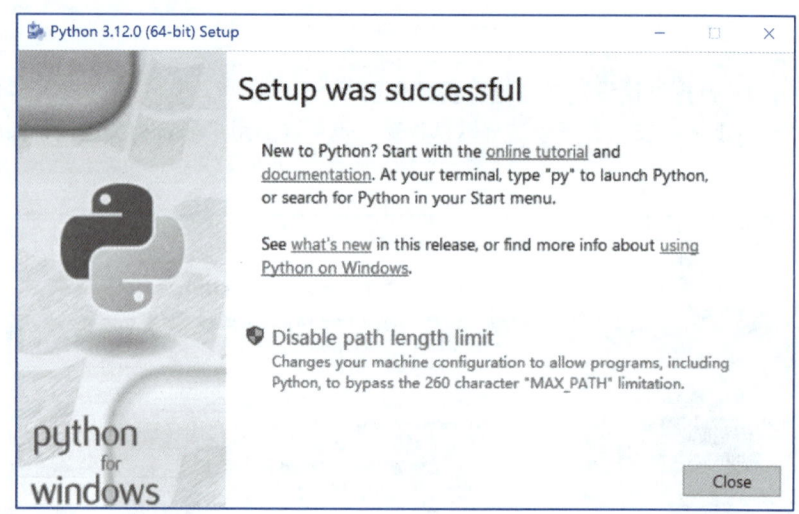

图 1-10
Python 3.12.0 安装
成功界面

Step 6：验证安装

同时按 Windows 和 R 键，即 Win+R 组合键，弹出"运行"对话框，在"运行"对话框的"打开"输入框中，输入"cmd"后单击"确定"按钮，如图 1-11 所示。

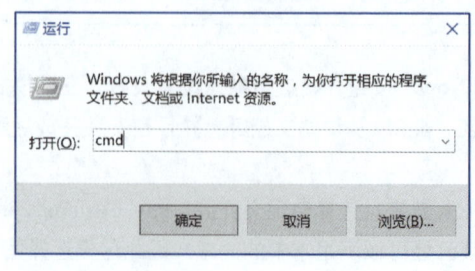

图 1-11
打开 Windows 操作系
统中的"运行"对话框

启动 cmd 命令窗口，如图 1-12 所示。

图 1-12
启动 cmd 命令窗口

在 cmd 命令窗口中，输入并运行如下命令。

```
python - V
```

如果安装成功，该命令输出 Python 的版本，如图 1-13 所示。

图 1-13
在 cmd 命令窗口中
查看 Python 版本

如果输出结果和图 1-13 不一致，需要检查环境变量是否设置正确。有关环境变量设置的内容请参考本书 1.3.3 节。

1.3.3 设置环境变量

如果操作系统中已经安装了一个或多个 Python 集成开发环境，这时在系统中安装一个新的 Python 开发环境，可能导致新环境可执行程序路径无法正确添加到系统的环境变量中。例如，系统中预先安装好了 Anaconda，此时再安装 Python，可能导致 Python 可执行程序的路径无法添加到 Path 环境变量中。此时，有必要手动编辑环境变量 Path 的值。

视频 3
设置 python 开发
环境的环境变量

Step 1：查看环境变量 **Path** 的值

启动 cmd 命令窗口，输入并运行如下命令。

```
echo %path%
```

该命令输出显示环境变量 Path 的值，如图 1-14 所示。

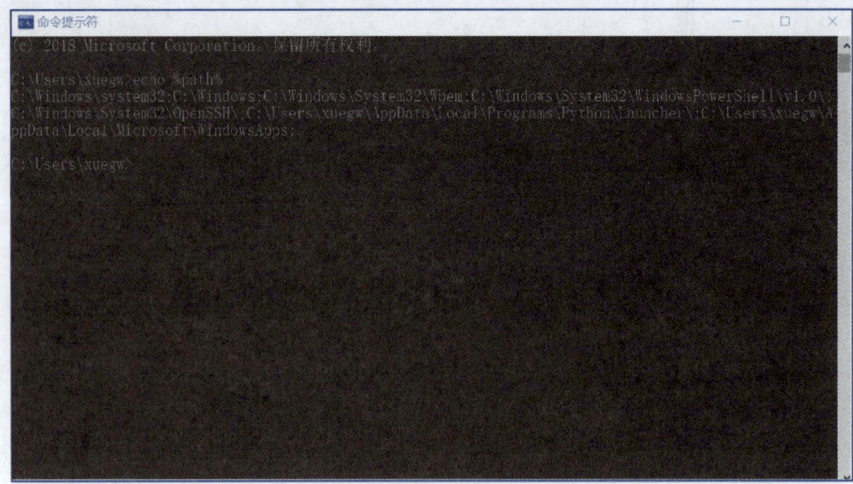

图 1-14 在 cmd 中显示环境变量 Path 的值

检查如下两个可执行程序的路径是否在该变量中。
- $PYTHON\Python312
- $PYTHON\Python312\Scripts

这里"$PYTHON"是 Python 的安装路径。

Step 2：启动环境变量编辑选项卡

打开"系统属性"对话框，在"高级"选项卡中单击"环境变量"按钮，如图 1-15 所示。

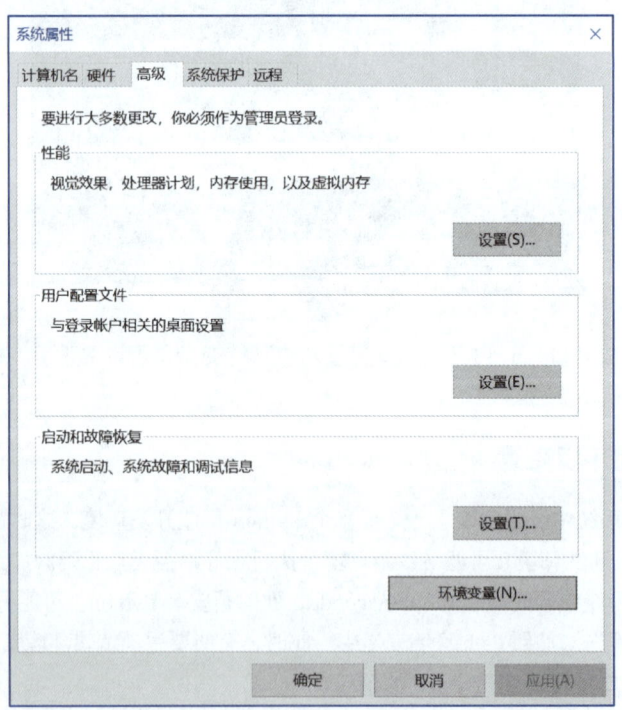

图 1-15 "系统属性"对话框的"高级"选项卡

Step 3：修改环境变量 Path

在"系统变量"列表框中，找到 Path 并单击"编辑"按钮，如图 1-16 所示。

1.3 任务实施：安装并配置 Python 开发环境

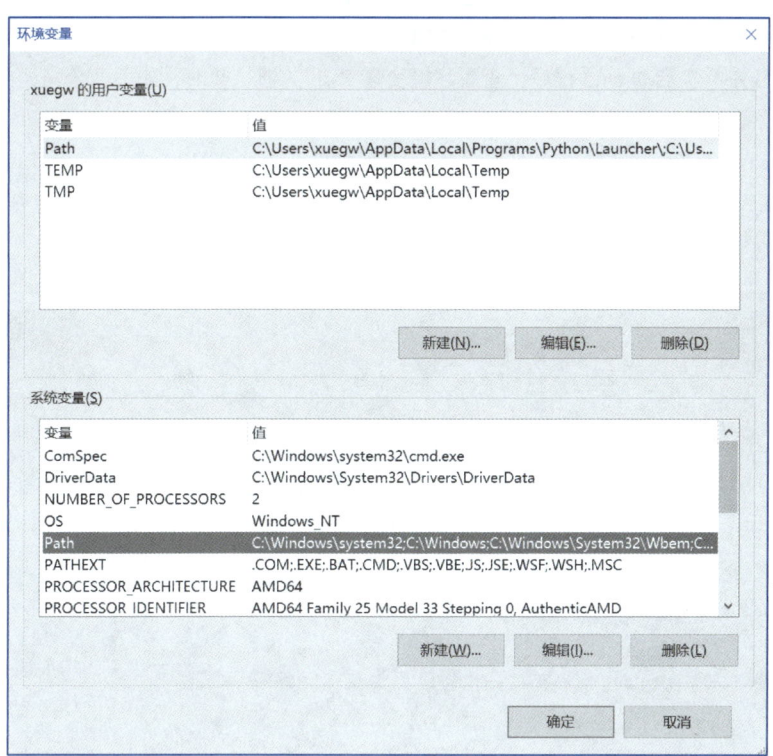

图 1-16
在"系统变量"列表框
中配置 Path

Step 4：修改环境变量 Path

在"编辑环境变量"对话框中，单击"新建"按钮并分别将路径"$PYTHON\Python312"和"$PYTHON\Python312\Scripts"添加到列表框的末尾。在编者的系统中，"$PYTHON"的值是"C:\Users\xuegw\AppData\Local\Programs\Python\Python312"，如图 1-17 所示。

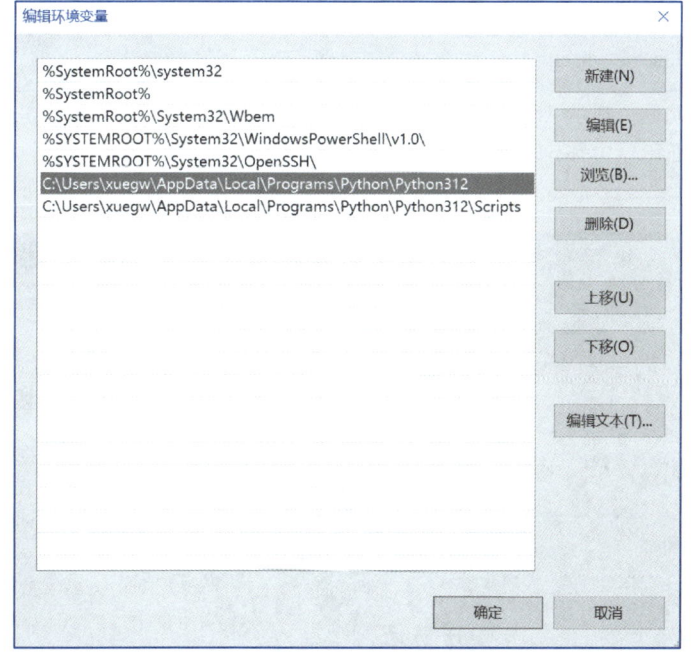

图 1-17
修改环境变量 Path 的值

9

Step 5：在命令窗口中查看环境变量 Path

退出并再次启动 cmd 程序，查看环境变量 Path 的值，此时，如下两个路径应该包含在该环境变量中：

- C:\Users\xuegw\AppData\Local\Programs\Python\Python312
- C:\Users\xuegw\AppData\Local\Programs\Python\Python312\Scripts

结果如图 1-18 所示。

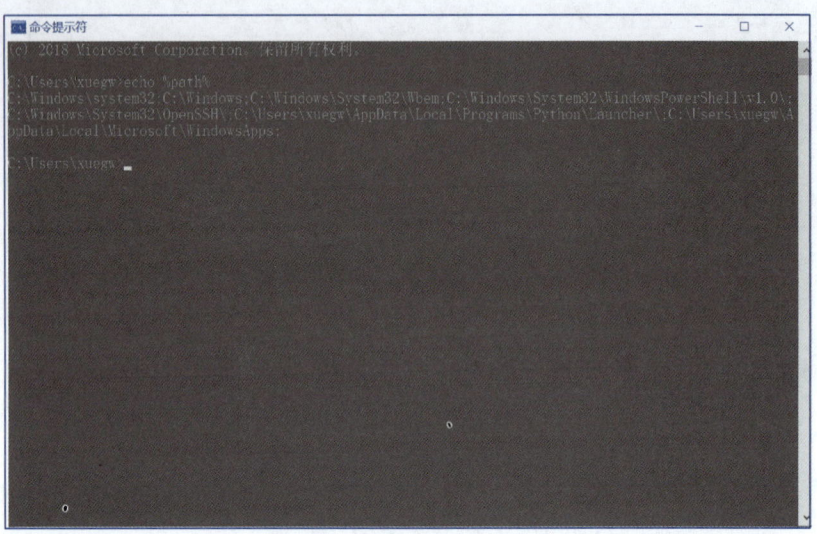

图 1-18
修改后环境变量 Path 的值

1.3.4 安装 numpy

Step 1：安装 wheel

进入 cmd 命令窗口，输入并执行如下命令。

```
pip install wheel
```

视频 4
使用 pip 管理 numpy 包

安装成功后，提示"Successfully installed wheel-0.41.3"，这里 0.41.3 是安装的 wheel 包的版本，如图 1-19 所示。

图 1-19
使用 pip 安装 wheel

1.3 任务实施：安装并配置 Python 开发环境

Step 2：安装 numpy

进入 cmd 命令窗口，输入并执行如下命令。

```
pip install numpy
```

使用 pip 安装 numpy，numpy 的名称不区分大小写。

安装成功后，提示"Successfully installed numpy-1.26.2"，这里 1.25.2 是安装 numpy 的版本，如图 1-20 所示。

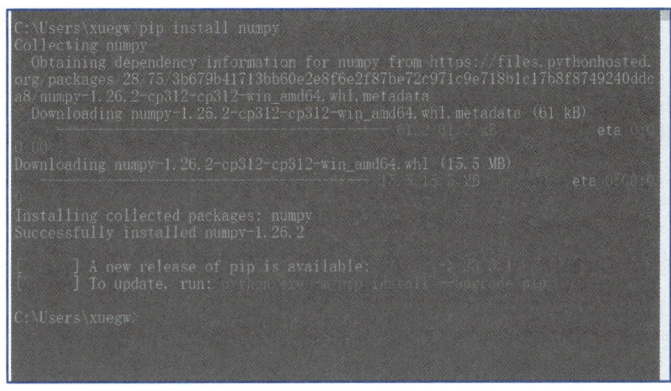

图 1-20
使用 pip 安装 numpy

Step 3：验证安装

双击 IDLE 的桌面快捷方式（如图 1-21 所示），启动 IDLE 程序。

图 1-21
IDLE 程序桌面快捷方式图标

IDLE 程序界面如图 1-22 所示。

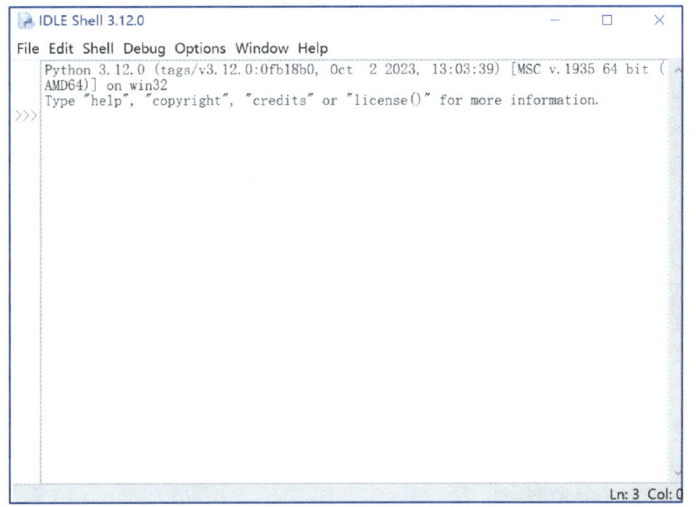

图 1-22
IDLE 程序界面

在该程序的命令行中依次输入并执行如下两行代码。

import numpy

print(numpy.arange(10))

导入 numpy 的代码，numpy 的名称区分大小写。

运行结果为输出一个包含 10 个元素的列表，如图 1-23 所示。

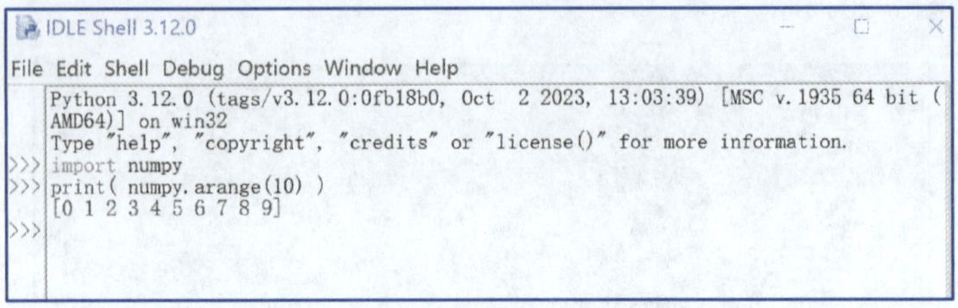

图 1-23
numpy 测试程序

1.3.5　安装 pandas

Step 1：安装 **pandas**

进入 cmd 命令窗口，输入并执行如下命令。

pip install pandas

安装成功后，提示"Successfully installed pandas-2.1.3"，这里 2.1.3 是安装的 pandas 的版本，如图 1-24 所示。

视频 5
使用 pip 管理 pandas 包

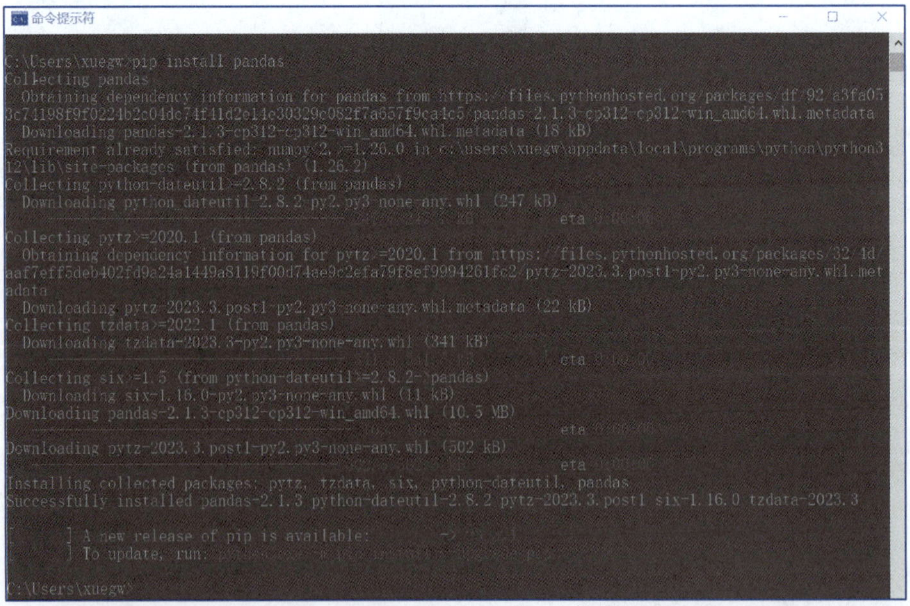

图 1-24
使用 pip 安装 pandas

Step 2：验证安装

在 IDLE 命令行中依次输入并执行如下两行代码。

import pandas as pd

print(pd.Series([1, 3, 5, 7, 9]))

1.3 任务实施：安装并配置 Python 开发环境

运行结果输出一个具有 5 个元素的 Series 对象，如图 1-25 所示。

图 1-25 pandas 测试程序

1.3.6 安装 Matplotlib

Step 1：启动命令窗口

启动命令窗口，在 cmd 命令窗口中输入并执行如下命令。

```
pip install matplotlib
```

安装成功后，提示"Successfully installed matplotlib-3.8.2"，这里 3.8.2 是安装的 Matplotlib 的版本，如图 1-26 所示。

视频 6
使用 pip 管理 matplotlib 包

图 1-26 使用 pip 安装 Matplotlib

Step 2：验证安装

在 IDLE 中新建一个 Python 文件，另存为文件 "TestMatplotlib.py"，该文件包含如下代码。

```
import numpy as np
import matplotlib.pyplot as plt
x = np.arange(1,10,0.01);
y = x
plt.plot(x,y);
plt.show()
```

该程序可绘制一条斜率为 1 的线段，运行该程序可以弹出一个绘图窗口，如图 1-27 所示。

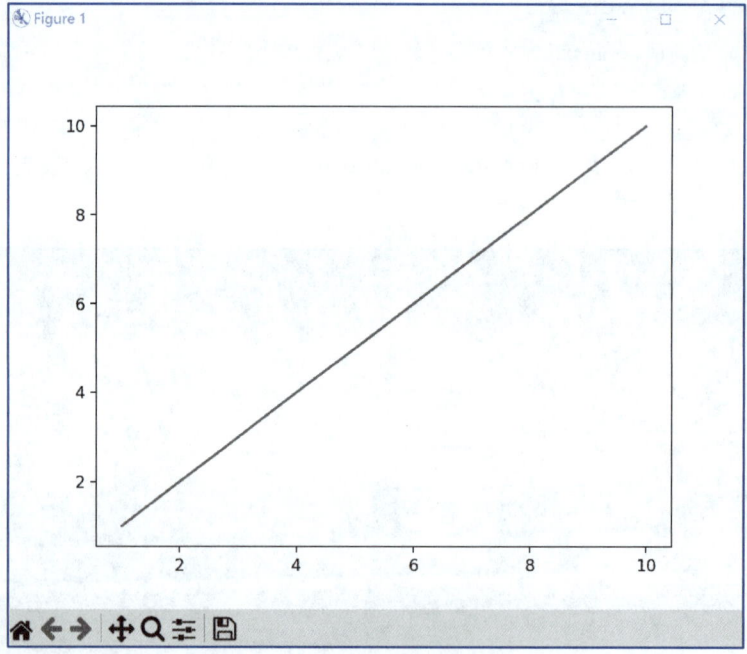

图 1-27
Matplotlib 测试程序

1.4 拓展任务：安装 Anaconda 开发环境

Step 1：下载 Anaconda 程序安装包

使用浏览器进入 Anaconda 官网，打开 Anaconda 的下载界面，如图 1-28 所示。截至本书完稿，Anaconda 的最新版本为 2023.09-0，内置 Python 版本为 3.11.7。

单击 "Download" 按钮，网站自动启动下载程序，跳转到开始下载界面。编者使用的操作系统是 64 位的 Windows 10 操作系统，网站自动启动 Windows 版本 Anaconda 下载，如图 1-29 所示。

1.4 拓展任务：安装 Anaconda 开发环境

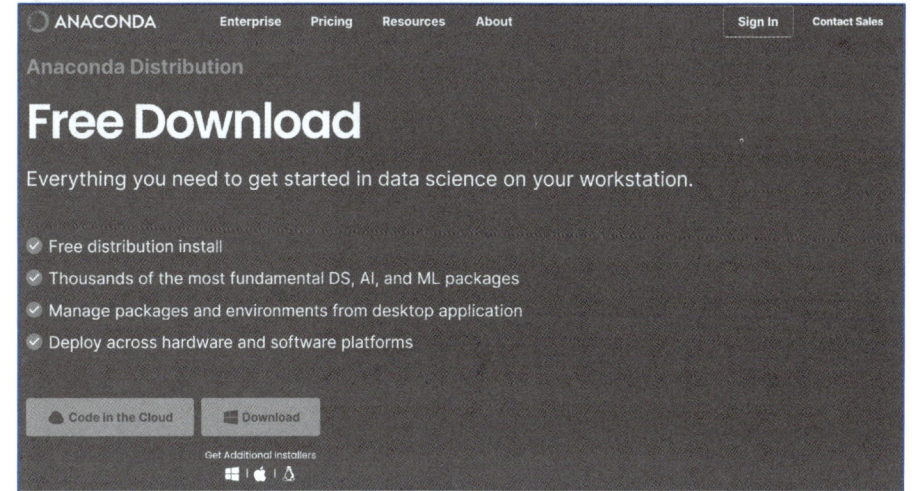

图 1-28
Anaconda 下载界面

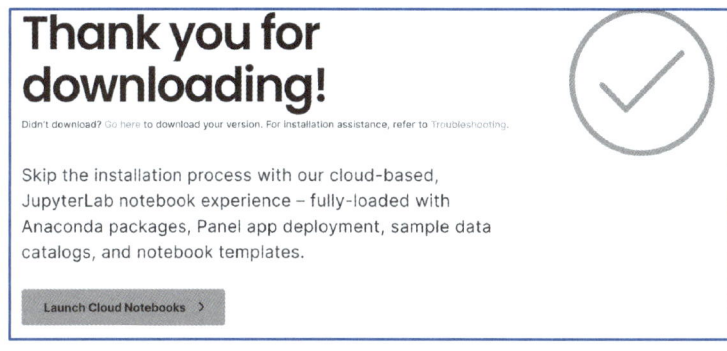

图 1-29
选择 Anaconda 安装文件

成功下载之后，Anaconda 安装程序图标如图 1-30 所示。

图 1-30
Anaconda 安装程序图标

Step 2：安装 Anaconda

双击该安装程序，安装该软件。

Step 3：测试安装

双击桌面上 Anaconda Navigator 程序的快捷方式，如图 1-31 所示。

图 1-31
Anaconda Navigator
程序的快捷方式

在 Anaconda Navigator 的界面中，通过单击"Launch"按钮启动 Notebook，如图 1-32 所示。

图 1-32
启动 Notebook

Notebook 的默认初始界面显示了 Windows 10 中用户文件夹下的内容，如图 1-33 所示。

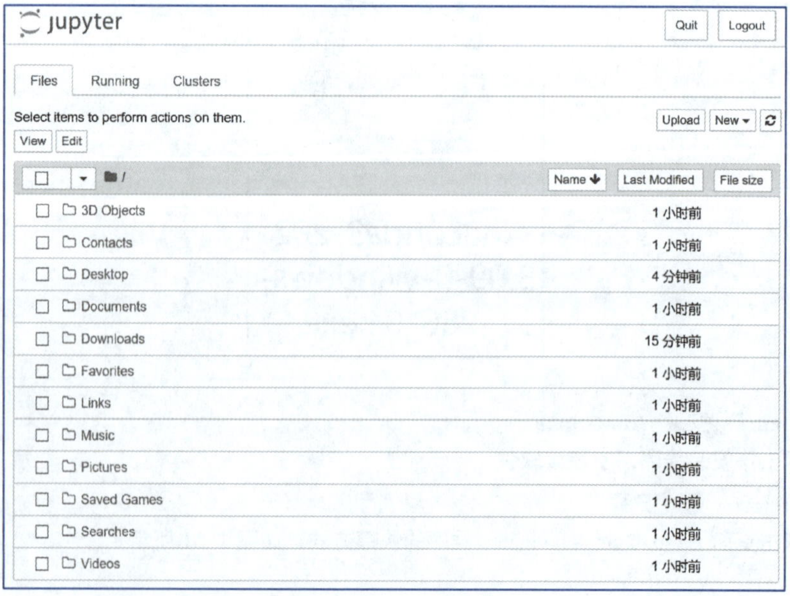

图 1-33
Notebook 的默认界面

在 Documents 文件夹中新建一个 Anaconda 文件夹，在该文件夹中新建一个 Notebook Python 3 源文件，添加如下代码。

```
import numpy as np
import matplotlib.pyplot as plt
x = np.arange(0, 2 * np.pi, 0.01);
y = np.sin(x)
plt.plot(x, y);
plt.show( )
```

运行结果如图 1-34 所示。

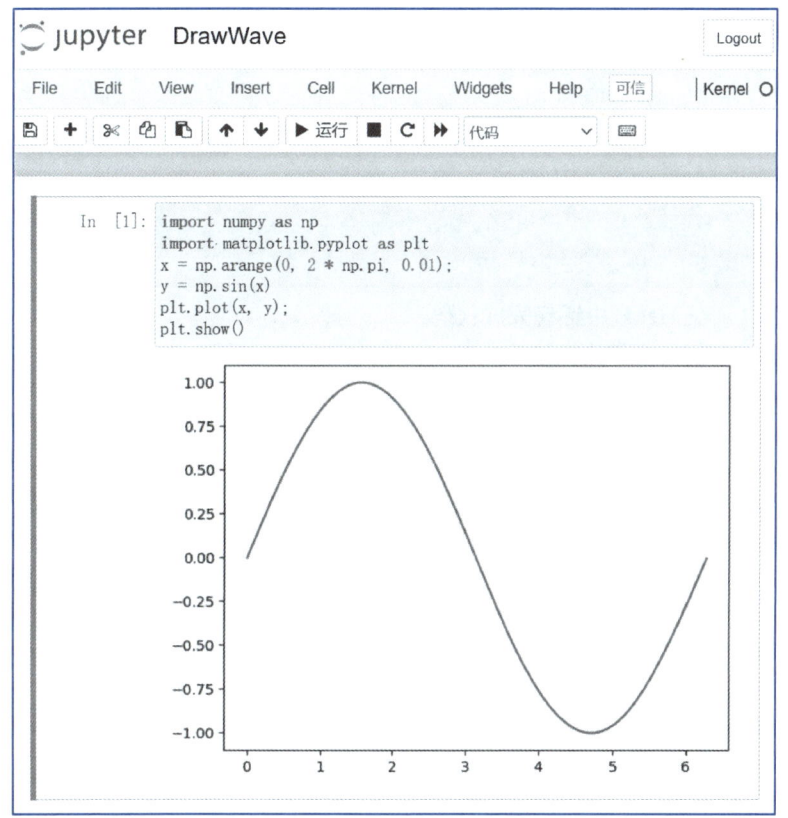

图 1-34
第一个 Notebook
Python 3 项目

1.5 知识储备

1.5.1 IDLE 开发环境介绍

1. IDLE 简介

IDLE 是 Python 的集成开发环境，具有如下特性。

① 100%符合 Python 语法。

② 跨平台，在 Windows、Linux 等操作系统上，运行结果基本一致。

视频 8
使用 IDLE 开发 Python 程序

③ 集成开发环境具有较好的高亮支持，区分输入、输出和错误信息。
④ 多窗口文本编辑器，具有语法高亮、智能缩进等特性。
⑤ 可以通过设置断点、步长进行调试，可以查看全局和局部变量。
IDLE 可以在以下两种模式下进行开发。
① 命令行模式。
② 文本编辑器。

2．使用 IDLE 进行开发

这里，分别演示使用命令行和使用文本编辑器进行开发。

任务：输出显示 1~9 的整数及其平方和立方

完成该任务的代码如下所示。

```
import numpy as np
in_data = np.arange(1, 10);
print("整数\t 平方\t 立方")
for x in in_data:
    print(" %d\t %d\t %d" %\
        (x, x ** 2, x ** 3))
```

Step 1：在 IDLE 中逐句完成代码

启动 IDLE 后，逐句输入并运行如上代码，运行结果如图 1-35 所示。

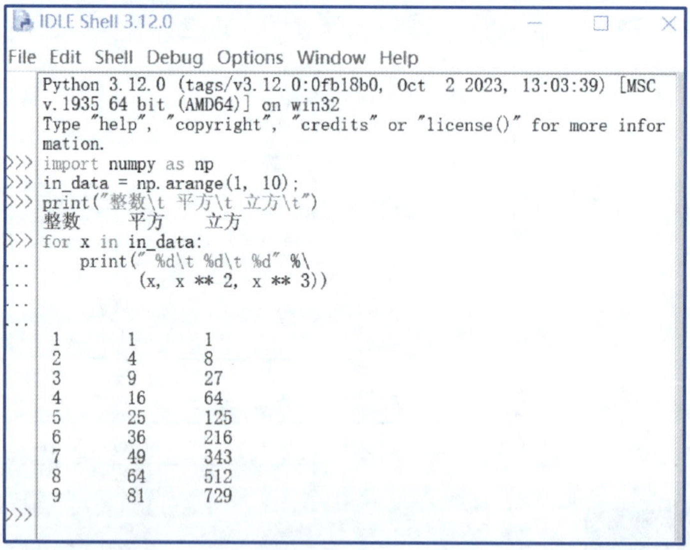

图 1-35
在 IDLE 中逐行完成程序

可见，逐行运行程序，导致无法得到完美的输出。

Step 2：在文本编辑器中完成任务并运行

在 IDLE 中新建一个文件，输入以上代码，并存储为 "test.py"，如图 1-36 所示。

图 1-36
在 IDLE 中使用文本编辑器编写程序

在菜单中，选择"Run→Run Module"，运行该程序。运行该程序也可以双击快捷方式或选中后按 F5 键。运行结果显示在 IDLE 命令行界面中，如图 1-37 所示。

图 1-37
程序运行结果

可见，通过将源代码存储在文件中，可以方便调试，提高开发效率。此例还可以获得更佳的输出结果。

1.5.2 使用 pip 进行第三方库管理

pip 是一个 Python 扩展包管理工具，可以安装来自 PyPI、VCS 或本地的扩展包，可以替代 easy_install 工具。easy_install 工具有很多不足，例如安装事务是非原子操作，只支持 svn，没有提供卸载命令，安装一系列包时需要写脚本。pip 解决了以上问题，已经成为事实上的新标准。pip 采取先下载再安装的方式，保证了扩展包的完整性。另外，使用 pip 安装的扩展包可以方便地卸载。

Python 3.12.0 默认安装了 pip 工具。

1. 在线安装第三方库

在可以访问互联网的计算机上，可以使用在线安装的方式安装扩展包。在线安装使用的命令格式如下：

```
pip install [选项] package
```

如上命令将从 PyPI 安装名为 package 的开发包。默认安装最新版本。

```
pip install [选项] package==x.y.z
```

如上命令将从 PyPI 安装名为 package 的开发包。安装的版本为 x.y.z。

使用 pip install numpy，将安装最新版本的 numpy。

2. 离线安装第三方库

如果预先下载安装库，可以使用离线安装的方式安装扩展包。离线安装使用的命令格式如下。

```
pip install [选项] package.whl
```

如上命令将从文件名为 package.whl 的安装包中安装 package 包。

可以通过多种方式下载离线安装包。编者推荐从 PYPI 官网下载安装包。

例如，需要安装 1.13.3 版本的 numpy，那么访问 PYPI 官网并下载 "numpy-1.13.3-cp36-none-win_amd64.whl"，保存至文件夹。

根据需要修改文件名。如果开发者的操作系统是 32 位操作系统，那么需要将下载的文件名修改为 "numpy-1.13.3-cp36-none-win32.whl"，或者其他符合 pip 安装要求的文件名。

3. 常用 pip 命令

常用 pip 命令如下。

```
pip uninstall package           #卸载名为 package 的扩展包
pip install --upgrade package   #升级名为 package 的扩展包
pip --help                      #列出帮助信息
pip install package             #升级名为 package 的扩展包
pip show --files package        #查看 package 扩展包安装的文件列表
pip list --outdated             #查看需要更新的扩展包
pip list                        #列出所有已经安装的扩展包
```

1.5.3 Anaconda 开发环境介绍

Anaconda 是一个用于科学计算的 Python 发行版，支持 Windows、Linux 系统，提供了扩展包管理与环境管理的功能，可以很方便地解决多版本 Python 并存、切换以及各种第三方扩展包安装问题。Anaconda 利用工具和命令进行包和环境的管理，并且已经包含了 Python 和相关的配套工具。

1. iPython

iPython 是一个 Python 的交互式 Shell，比默认的 Python Shell 好用得多，功能也更强大。它支持语法高亮、自动完成、代码调试、对象自省，支持 Bash Shell 命令，内置了许多有用的功能和函数等，非常容易使用。启动 iPython 使用 "iPython‐pylab" 命令，默认开启 Matploblib 的绘图交互，用起来很方便。

2. Notebook

使用一种基于 Web 技术的交互式计算文档格式，可以编辑易于人们阅读的文档，用于展示数据分析的过程。为什么说它是文档格式，而非计算工具呢？实际上它两者都是。Notebook 在交互上使用了 C/S 模式，它通过 Tornado 建立一个 Shell 服务器，并使用浏览器作为客户端。另外，Notebook 界面都被保存为.ipynb 的类 JSON 文件格式。这种文件格式也是 Notebook 最吸引人的地方。iPython Notebook 使用浏览器作为界面，向后台的 iPython 服务器发送请求，并显示结果。在浏览器的界面中使用单元（Cell）保存各种信息。Cell 有多种类型，经常使用的有表示格式化文本的 Markdown 单元、表示代码的 Code 单元。

3. qtconsole

qtconsole 是一个可执行 iPython 的仿终端图形界面程序，相比 Python Shell 界面，qtconsole 可以直接显示代码生成的图形，实现多行代码输入执行。它内置了许多有用的功能和函数。

4. Spyder

Spyder 是 Python(x,y)的作者为它开发的一个简单的集成开发环境。和其他的 Python 开发环境相比，Spyder 最大的优点就是模仿 MATLAB 的"工作空间"功能，可以很方便地观察和修改数组的值。

1.5.4 管理虚环境

1. 虚环境简介

虚环境可以为每个项目创建单独的隔离环境，达到分离不同项目的依赖关系的目的。它为不同的 Python 安装版本或不同的项目创建单独的隔离环境，每个项目可以从其特定的环境中存储和检索扩展包，以便使用特定的 Python 版本。

此外，Python 有针对不同应用程序的各种模块和扩展包。在项目开发中，可能需要安装非官方库，但另一个项目可能不需要第三方库，或是需要其中某些库的其他版本。当不同的 Python 项目存在相同插件的竞争或不兼容版本时，就可能出现问题，导致程序运行异常。上述两个因素，促使在使用 Python 进行程序开发时，需要使用虚环境。

视频 9
使用 conda 进行包管理

2. 使用 conda 管理虚环境

conda 常用虚环境管理命令如下所示。

```
conda env list #列出系统中的虚环境
conda create -n env_name python=x.x #创建名为 env_name 的虚环境，安装的python 版本为 x.x
activate env_name #在 Windows 操作系统中，激活名为 env_name 的虚环境
conda remove -n env_name -all #删除名为 env_name 的虚环境
```

首先启动 Anaconda Prompt，如图 1-38 所示。

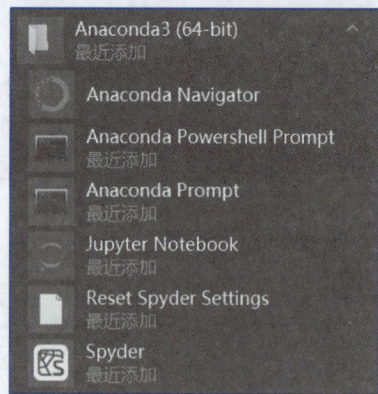

图 1-38
启动 Anaconda Prompt

查看当前系统中存在的虚环境，如图 1-39 所示。

图 1-39
查看当前系统中的虚环境

可见当前系统中有两个虚环境，分别是 base 和 CUDA_Numba_36。

使用 conda 命令新建一个虚环境 python38，如图 1-40 所示。

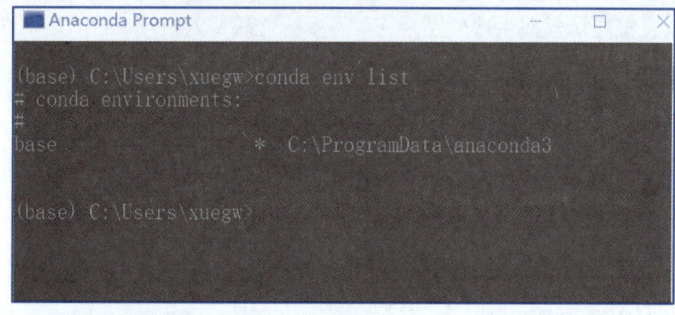

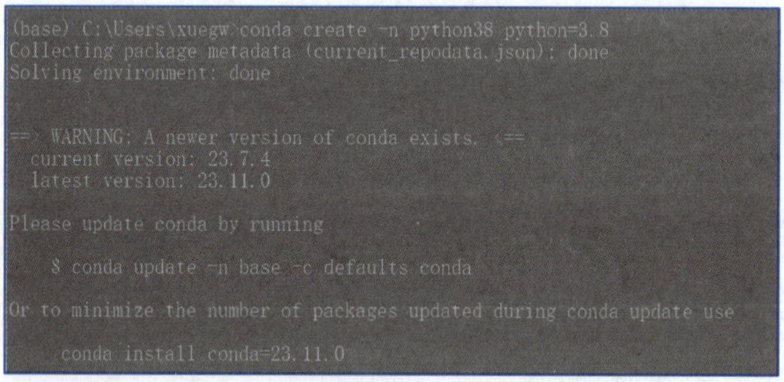

图 1-40
新建 Python 版本为
3.8 的虚环境 python38

再次查看并激活新建的 python38 虚环境，激活后命令窗口的提示符变为(python38)，如图 1-41 所示。

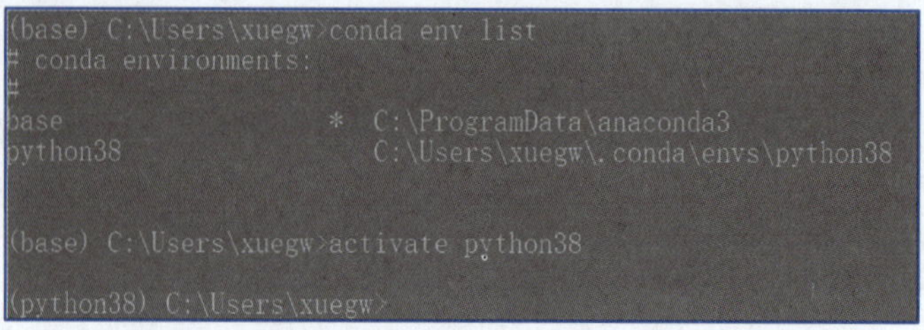

图 1-41
查看并激活虚环境
python38

1.5.5 使用 conda 管理第三方库

conda 可以理解为一个工具，也是一个可执行命令，其核心功能是扩展包管理与环境管理。扩展包管理与 pip 的使用类似，环境管理则允许用户方便地安装不同版本的 Python 并快速切换。Anaconda 则是一个打包的集合，里面预装好了 conda、某个版本的 Python、众多 package、科学计算工具等，所以也称 Python 的一种发行版。其实还有 Miniconda，顾名思义，它只包含最基本的内容——Python 与 conda，以及相关的依赖项，对于空间要求严格的用户，Miniconda 是一种选择。

conda 将几乎所有的工具、第三方扩展包都当作 package 对待，甚至包括 Python 和 conda 自身。因此，conda 打破了扩展包管理与环境管理的约束，能非常方便地安装各种版本的 Python 和各种 package 并方便地切换。

1. 安装第三方库

虽然 Anaconda 提供了丰富的库，然而在使用过程中，经常需要进行安装。可以在进入 Anaconda Prompt 后，使用命令"conda install 库名"进行安装。下面以安装 numpy 为例（Anaconda 会预先安装 numpy，在此仅作为示例）进行阐述。

以安装 numpy 包为例，演示使用 conda 安装扩展包的方法。输入并执行如下命令。

```
conda install numpy
```

conda 管理器会先下载安装包，下载完成之后完成第三方扩展包的安装，如图 1-42 所示。

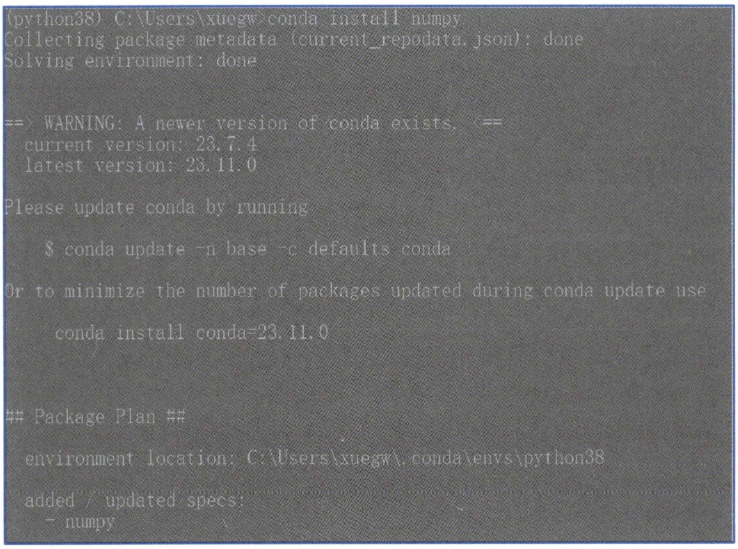

图 1-42
使用 conda 安装 numpy

2. 其他常用 conda 管理命令

常用 conda 管理命令如下。

conda list	#查看当前环境下已安装的扩展包
conda search name	#查找名为 name 的扩展包信息
conda update name	#更新名为 name 的扩展包

conda remove name	#删除名为 name 的扩展包
conda install name	#安装名为 name 的扩展包

1.6 素养提升

开发 Python 数据分析程序，需要首先搭建数据分析程序开发环境。在搭建开发环境的过程中，可能遇到网络不通畅、版本不兼容等技术问题。读者需要发扬攻坚克难精神和一丝不苟的工匠精神，努力解决学习和工作中遇到的技术难题。

1.7 课后练习

一、填空题

1. 两个整数相除，如果有余数，则结果会自动转换为_____。
2. 安装 Python 3.12.0 之后，如果需要查看安装的 Python 版本，可以在 cmd 命令窗口中使用命令_____。
3. 在 cmd 命令窗口中完成了 Python 程序的开发，现在要退出开发环境，则需要使用命令_____。
4. 使用 pip 安装 numpy，需要使用命令_____。
5. 使用 pip 卸载 pandas，需要使用命令_____。
6. 已经开发了 Python 程序 test.py，现在要在 cmd 命令窗口中运行该代码，需要使用命令_____。
7. Ananconda 进行包管理的工具是_____。

二、判断题

1. Python 仅能在 Windows 操作系统中运行。（   ）
2. 使用 pip 安装第三方扩展包，可以使用在线安装或者离线安装。（   ）
3. Python 是一门解释性语言，可以对 Python 源代码进行编译。（   ）

三、综合题

请配置使用 Python 进行数据分析的开发环境，包括如下任务。

1. 下载并安装 Python 3.12.0。
2. 配置操作系统的环境变量，可以在 cmd 命令窗口中运行 Python 或者 pip。
3. 安装 numpy、pandas、Matplotlib 等第三方扩展包。
4. 创建并输出打印一个 numpy 数组。

项目 2　点餐系统

——信息技术赋能餐饮行业

学习指导

知识目标	Python 编程基础
技能目标	能够使用 Python 进行程序开发
	熟练使用 Python 的函数
	熟练使用 Python 的元组、列表等序列对象
	熟练使用 Python 的字典对象

项目 2 点餐系统

PPT：
使用 Python 开发点餐系统

视频 10
点餐系统任务分析

2.1 情境描述

小曾经营一家粥铺，为客户提供早餐。由于小曾诚信经营，食品健康美味，在收获良好口碑的同时，店铺的客流量也越来越大，带来了良好的经济效益。

为了提高粥铺的经营效率，获得良好的用户体验，提升粥铺的经营档次，小曾决定引入信息化技术，实现用户自助点餐。为此，小曾向欢喜科技寻求帮助，希望欢喜科技能够为粥铺开发一套点餐系统。

欢喜科技将此任务分配给了小王。经过分析，小王认为粥铺的点餐系统主要包括下单、结算和报表几项功能。使用 Python 开发该项目，可以发挥 Python 语言处理数据的优势，能快速、高效地完成开发任务，满足粥铺点餐系统的功能需求。

2.2 任务分析

与其他点餐系统类似，该点餐系统应该具备客户点餐、费用预算、生成报表、导出报表等功能。对于该粥铺而言，供应的食品可以分为两大类，即饮品和主食。食品的分类、名称、价格如表 2-1 所示。

表 2-1 早餐食品列表

食品分类	食品名称	食品价格（元）
饮品	豆浆	3.0
	果汁	4.5
	牛奶	4.0
主食	馒头	1.1
	包子	2.5
	鸡蛋	2.0
	油条	1.5

因此可以针对每一类食品进行点餐，即从每一类食品中进行选择，并计算费用。客户点餐完成之后，输出提示信息，包含客户选择的食品以及总价。

对于粥铺的管理人员而言，还需要报表功能。使用报表功能，可以实时地查看所有的订单信息，也可以显示实时的收入。除此之外，系统还具有导出报表功能，使用该功能，可以将所有的订单信息存储在文件中。

2.3 任务实施

2.3.1 设计入口程序

程序运行之后，开始执行入口程序，主要功能包括：

① 显示软件功能，以便用户选择。

② 循环执行，以保证软件持续运行。

该软件提供的功能如表 2-2 所示。

表 2-2 软件功能列表

功能编号	功能说明	调用函数
1	点餐	orderMenu( )
2	打印报表	printReport( )
3	存储报表	exportReport( )
4	退出系统	exit( )

首先向客户展示欢迎信息以及软件功能，这部分代码如下所示。

```
print("\n---------- 欢迎使用点餐系统 ----------")
print("本软件提供如下功能：\n 1. 点餐\n 2. 打印报表\n 3. 存储报表\n 4. 退出系统")
```

根据提示信息，客户输入功能编号，执行相应的代码，完成相应的功能。如果客户的输入不正确，则提示客户重新输入。这部分代码如下所示。

```
choice = int(input("请输入数字选择一项功能："))
    if choice == 1:
        orderMenu( )
    elif choice == 2:
        printReport(OrderList)
    elif choice == 3:
        exportReport(OrderList)
    elif choice == 4:
        exit(0)
    else:
        print("请输入正确的序号(1~4)。")
```

为了使得该程序能够持续执行，使用 while 循环结构。该部分完整的代码如下所示。

```
while(True):
    print("\n---------- 欢迎使用点餐系统 ----------")
    print("本软件提供如下功能：\n 1. 点餐\n 2. 打印报表\n 3. 存储报表\n 4. 退出系统")
    choice = int(input("请输入数字选择一项功能："))
    if choice == 1:
        orderMenu( )
    elif choice == 2:
        printReport(OrderList)
    elif choice == 3:
        exportReport(OrderList)
    elif choice == 4:
        exit(0)
```

```
else:
    print("请输入正确的序号(1～4)。")
```

输入不同数字,调用不同函数。具体来说,调用的函数信息如表 2-3 所示。

表 2-3 函 数 说 明

函数名称	函数参数及参数说明
orderMenu( )	orderMenu( ):无参数。使用该参数,创建一个列表 OrderList,该列表的元素类型是列表,包含点餐日期、时间、点餐明细、费用
printReport( )	printReport(OrderList),输出打印订单信息以及总收入。函数参数 OrderList 是一个列表,包含了所有的点餐信息,包含点餐日期、时间、点餐明细、费用
exportReport( )	exportReport(OrderList),存储订单信息。函数参数 OrderList 是一个列表,包含了所有的点餐信息,包含点餐日期、时间、点餐明细、费用
exit( )	exit(0),退出系统。该函数是系统函数,参数 0 表示正常退出

执行入口程序,运行结果如图 2-1 所示。

```
------- 欢迎使用点餐系统 -------
本软件提供如下功能:
  1. 点餐
  2. 打印报表
  3. 存储报表
  4. 退出系统
请输入数字选择一项功能:
```

图 2-1
入口程序运行结果

视频 11
设计费用计算函数

2.3.2 设计费用计算函数

根据用户选择的饮料和主食,费用预算模块计算餐食的总费用。

对于饮品来说,通过判断客户输入的饮品编码,判断用户选择的是哪一种饮品,根据表 2-1 计算饮品的花费。代码如下所示。

```
drinkCharge = 0.0
if drinkNo == 1:
    drinkCharge = 3.0
elif drinkNo == 2:
    drinkCharge = 4.5
elif drinkNo == 3:
    drinkCharge = 4.0
```

类似地,对于主食而言,通过判断客户输入的主食编码,判断客户选择的是哪一种主食,根据表 2-1 计算主食的花费。代码如下所示。

```
foodCharge = 0.0
if foodNo == 1:
    foodCharge = 1.0
elif foodNo == 2:
    foodCharge = 2.5
```

```
        elif foodNo == 3:
            foodCharge = 2.0
        elif foodNo == 4:
            foodCharge = 1.5
```

总的花费是饮品消费和主食消费的总和。

这里，将代码封装在函数 getCharge( )中，该函数有两个参数，分别是饮品的编码和主食的编码。该函数的返回值如下所示。

```
        return drinkCharge + foodCharge
```

费用计算函数的完整代码如下所示。

```
    def getCharge(drinkNo, foodNo):
        drinkCharge = 0.0
        foodCharge = 0.0
        if drinkNo == 1:
            drinkCharge = 3.0
        elif drinkNo == 2:
            drinkCharge = 4.5
        elif drinkNo == 3:
            drinkCharge = 4.0
        if foodNo == 1:
            foodCharge = 1.0
        elif foodNo == 2:
            foodCharge = 2.5
        elif foodNo == 3:
            foodCharge = 2.0
        elif foodNo == 4:
            foodCharge = 1.5
        return drinkCharge + foodCharge
```

2.3.3 设计点餐模块

点餐模块实现客户点餐、点餐提示的功能。

如表 2-1 所示，餐食分为饮品和主食两类，由于每一类提供的商品都不多，所以将每一类存储为一个字典。因此，对于饮品和主食，分别创建字典对象 DrinkMenu 和 FoodMenu，每个键-值对的键是整数对象，用来存储主食编号，值是字符串对象，用来存储主食名称。代码如下所示。

视频 12
设计点餐系统的点餐功能

```
    DrinkMenu = {1:"豆浆", 2:"果汁", 3:"牛奶"}
    FoodMenu = {1:"馒头", 2:"包子", 3:"鸡蛋", 4:"油条"}
    OrderList = []
```

对于客户的点餐行为，以点饮品为例，首先向用户显示可以提供的饮品，要求用户输入该饮品的编号。如果用户输入的编号不正确，提示重新输入。如果用户输入正确，则输出用户已选择的饮品。代码如下所示。

```
print("我们提供的饮品：")
for drink in DrinkMenu:
    print(str(drink) + ": " + DrinkMenu[drink])
drinkNo = int(input("请输入序号选择您需要的饮品(1～3)："))
print(drinkNo)
while drinkNo > 3:
    drinkNo = int(input("输入错误。请输入序号选择您需要的饮品(1～3)："))
print("您选择了：" + DrinkMenu[drinkNo] + "\n")
```

这里，drinkNo 是用户输入的整数，可以作为字典 DrinkMenu 的键，获取该字典的值。

类似地，对于主食的选择，首先向用户显示可以提供的主食，要求客户输入该主食的编号。如果客户输入的编号不正确，提示重新输入。如果客户输入正确，则输出客户已选择的主食。

```
print("我们提供的食物：")
for food in FoodMenu:
    print(str(food) + ": " + FoodMenu[food])
foodNo = int(input("请输入序号选择您需要的食物(1～4)："))
while foodNo > 4:
    foodNo = int(input("输入错误。请输入序号选择您需要的食物(1～4)："))
print("您选择了：" + FoodMenu[foodNo] + "\n")
```

客户完成食品的选择之后，需要计算消费金额，这是通过调用函数 getCharge() 实现的，该函数的实现在后续章节中给出。之后，需要输出显示客户点餐的详细信息，包括饮品和主食的种类，以及总费用。这部分代码如下所示。

```
totalPrice = getCharge(drinkNo, foodNo)
print("将马上为您奉上%s 和%s，共消费%.2f 元。" % (DrinkMenu[drinkNo], FoodMenu[foodNo], totalPrice))
```

另外一个需要获取的信息是当前的日期和时间，在这里，使用 time 扩展包的 strftime() 函数，将日期和时间转换为指定的格式。这部分代码如下所示。

```
import time
OrderDate = time.strftime('%Y-%m-%d',time.localtime(time.time()))
OrderTime = time.strftime('%H:%M:%S',time.localtime(time.time()))
```

最后，将点餐日期、点菜时间、饮料种类、主食种类、消费金额等信息作为一个列表，添加在列表 OrderList 中，这里通过使用列表对象的 append() 函数实现。这部分代码如下所示。

```
OrderList.append([OrderDate, OrderTime, DrinkMenu[drinkNo], FoodMenu[foodNo], totalPrice])
```

可见，列表 OrderList 的元素也是一个列表，该列表包含了点餐日期、点餐时间、饮料品种、主食品种和预订价格等信息，分别对应该列表的第 1 个～第 5 个元素。

需要将功能封装在一个函数内，在这里，将函数命名为 orderMenu。点餐模块的完整代码如下所示。

```python
import time

DrinkMenu = {1:"豆浆", 2:"果汁", 3:"牛奶"}
FoodMenu = {1:"馒头", 2:"包子", 3:"鸡蛋", 4:"油条"}
OrderList = []

def orderMenu( ):
    print("\n---- 欢迎点餐 ----")
    print("我们提供的饮品：")
    for drink in DrinkMenu:
        print(str(drink) + ": " + DrinkMenu[drink])
    drinkNo = int(input("请输入序号选择您需要的饮品(1～3)："))
    print(drinkNo)
    while drinkNo > 3:
        drinkNo = int(input("输入错误。请输入序号选择您需要的饮品(1～3)："))

    print("您选择了：" + DrinkMenu[drinkNo] + "\n")

    print("我们提供的食物：")
    for food in FoodMenu:
        print(str(food) + ": " + FoodMenu[food])
    foodNo = int(input("请输入序号选择您需要的食物(1～4)："))
    while foodNo > 4:
        foodNo = int(input("输入错误。请输入序号选择您需要的食物(1～4)："))
    print("您选择了：" + FoodMenu[foodNo] + "\n")

    totalPrice = getCharge(drinkNo, foodNo)
    print("将马上为您奉上%s 和%s，共消费%.2f 元。" % (DrinkMenu[drinkNo], FoodMenu[foodNo], totalPrice))

    OrderDate = time.strftime('%Y-%m-%d', time.localtime(time.time( )))
    OrderTime = time.strftime('%H:%M:%S', time.localtime(time.time( )))
    OrderList.append([OrderDate, OrderTime, DrinkMenu[drinkNo], FoodMenu[foodNo], totalPrice])
```

运行该程序，通过输入数字"1"选择"点餐功能"。用户选择牛奶作为饮品，选择包子作为主食，运行结果如图 2-2 所示。

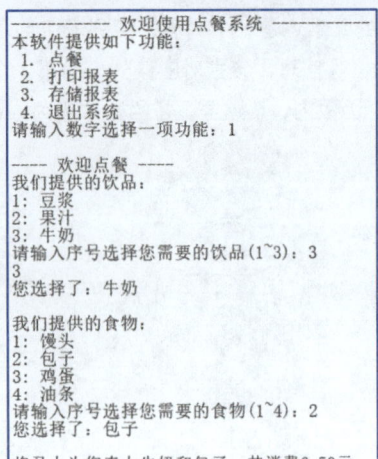

图 2-2
点餐功能运行结果

视频 13
设计点餐系统的打印报告功能

可见，用户首先选择饮品，再选择主食，之后输出显示用户选择的食品以及总费用。

2.3.4 设计打印报告模块

打印报告模块打印输出所有的点餐信息，包含点餐日期、点餐时间、饮料品种、主食品种和预订价格。

首先需要输出表头信息，包含欢迎界面和每列数据的含义，其代码如下所示。

```
print("\n———————————— 统计报表 ————————————\n")
print(" 点餐日期 \t 点餐时间 \t 饮料 \t 主食 \t 花费(元)")
```

之后，循环输出 OrderList 列表中的每一个元素的内容，分别表示每个点餐记录的详细信息，包括点餐日期、点餐时间、饮料品种、主食品种和预订价格，分别是该列表的第 1 个~第 5 个元素，代码如下所示。

```
for order in OrderList:
    totalPrice += order[4]
    print( order[0] + "\t" + order[1] +"\t%s\t%s\t%.2f" %(order[2], order[3],order[4]) )
```

另外，需要输出当前的总收入 totalPrice，这是通过累加每个订单的收入实现的，每个订单的收入是 OrderList 列表中的第 5 个元素。计算完成之后，输出该结果，代码如下所示。

```
totalPrice = 0
for order in OrderList:
    totalPrice += order[4]
print("\n 累计收入 %.2f 元。" % totalPrice)
```

需要将功能封装在一个函数内，在这里，将函数命名为 printReport，该函数的参数是 OrderList。打印报告模块的完整代码如下所示。

```
def printReport(OrderList):
    totalPrice = 0
```

```
print("\n------------------------ 统计报表 ------------------------\n")
print(" 点餐日期 \t 点餐时间 \t 饮料\t 主食 \花费(元)")
for order in OrderList:
    totalPrice += order[4]
    print( order[0] + "\t" + order[1] +"\t%s\t%s\t%.2f" %(order[2], order[3], order[4]) )
print("\n 累计收入 %.2f 元。" % totalPrice)
```

运行程序，通过输入数字"2"选择"打印报表"功能。运行结果如图 2-3 所示。

图 2-3
打印报表功能结果

如图 2-3 所示，统计报表功能列出了所有订单的详细信息，并且打印输出了所有的收入。

2.3.5 设计导出报表模块

视频 14
设计点餐系统的导出
报表功能

导出报表模块将所有点餐信息保存到文本文件中，这些信息包含点餐日期、点餐时间、饮料品种、主食品种和预订价格。

首先需要创建并以写方式打开文件流，这里通过 open()函数实现，该函数的第 1 个参数是文件路径，第 2 个参数是打开参数，代码如下所示。

```
dataFile = open("AllReport.txt", "w")
```

之后，使用循环结构将 OrderList 列表中的每一个元素的内容按照特定格式写在文件的每一行中，包括点餐日期、点餐时间、饮料品种、主食品种和预订价格，分别是 OrderList 列表元素的第 1 个～第 5 个元素，代码如下所示。

```
for order in OrderList:
    dataFile.write( order[0] + "," + order[1] +",%s,%s,%.2f 元\n" %(order[2], order[3],order[4]) )
```

最后，关闭文件流，代码如下所示。

```
dataFile.close( )
```

需要将功能封装在一个函数内，在这里，将函数命名为 exportReport，该函数的参数是 OrderList。打印报告模块的完整代码如下所示。

```
def exportReport(OrderList):
    dataFile = open("AllReport.txt", "w")
    for order in OrderList:
        dataFile.write( order[0] + "," + order[1] +",%s,%s,%.2f 元\n" %(order[2],order[3],order[4]) )
    dataFile.close( )
    print("---- 成功导出报表。 ----")
```

运行程序，通过输入数字"3"选择"存储报表"功能。将在程序员代码所在的路径中，创建文件"AllReport.txt"，如图 2-4 所示。

图 2-4
创建的报表文件

该文件的内容如图 2-5 所示。

图 2-5
报表文件的内容

2.3.6 退出程序

运行程序后，通过输入数字"4"选择"退出系统"功能，这是通过调用开发环境自带的 exit( )函数实现的，代码如下所示。

```
exit(0)
```

参数"0"表示用户正常退出系统。

2.4 知识储备

PPT：
Python 语言精要

2.4.1 Python 解释器

与 C/C++、Java 等程序设计语言不同，Python 是一种解释型语言，也可以理解为和 TCL 等语言相似的脚本语言。其工作方式是一次执行一条语句。

Step 1：启动 Python 解释器

如果正确配置了 Python 的环境变量，那么在命令窗口中输入 python 并按 Enter 键，可以启动 Python 解释器，如图 2-6 所示。

视频 15
使用解释器开发程序

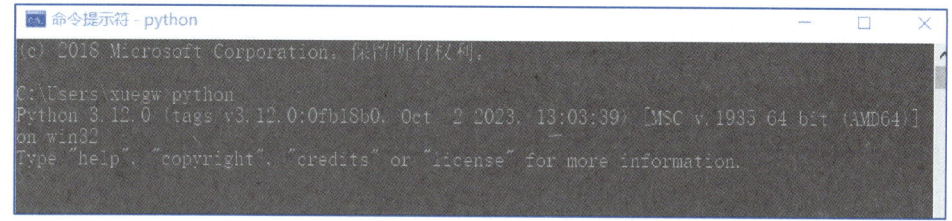

图 2-6
在 cmd 窗口中启动
Python 解释器

Step 2：执行一条语句

可以独立执行一条 Python 表达式或语句。在这里，">>>"是提示符，在其后可以输入 Python 语句或表达式。例如，和其他语言一样，可以输出"Hello world!"，如图 2-7 所示。

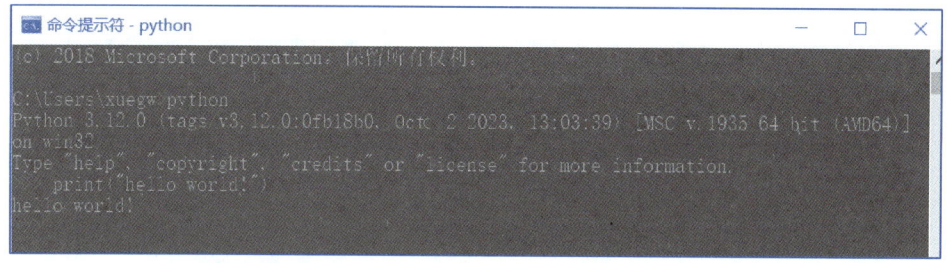

图 2-7
在 Python 中输出
"hello world!"

Step 3：执行 Python 文件

使用"Python 文件名"的方式执行一条语句，这里文件名是存储 Python 源代码的文件名，该文件的扩展名通常是".py"。例如，如果将 2.3 节开发的点餐系统以源文件的方式存储在磁盘中，其包含路径的文件名为"D:/Python/CafeManagement.py"，可以使用如下命令运行该程序。

> Python D:/Python/ CafeManagement.py

或者先进入该源文件所在的路径，再调用 Python 解释器，命令如下所示。

> cd D:/Python
> D:
> Python CafeManagement.py

两种执行方法如图 2-8 所示。

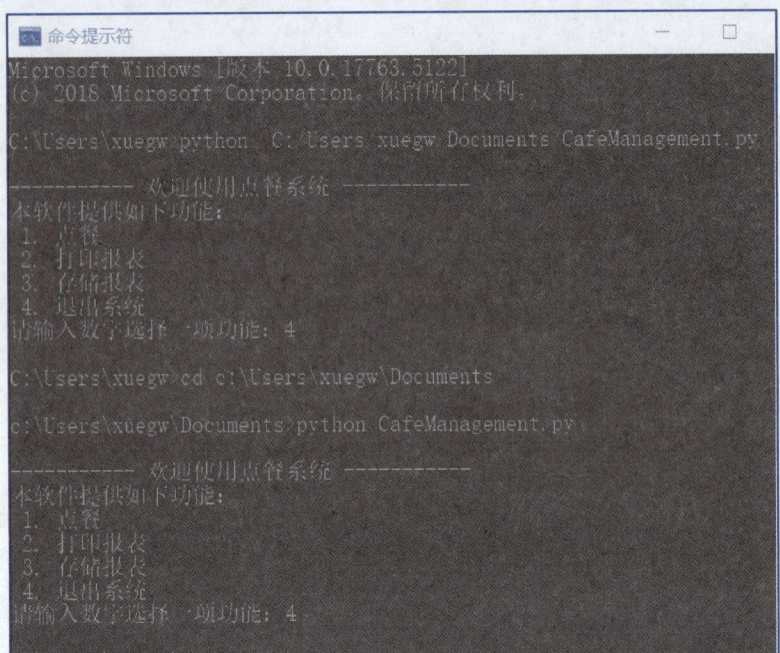

图 2-8
运行 Python 源代码的两种方法

Step 4：退出 Python 解释器

如果完成了 Python 的开发，需要退出 Python 解释器，则可以在提示符后输入 exit( )，通过调用该方法退出解释器，如图 2-9 所示。

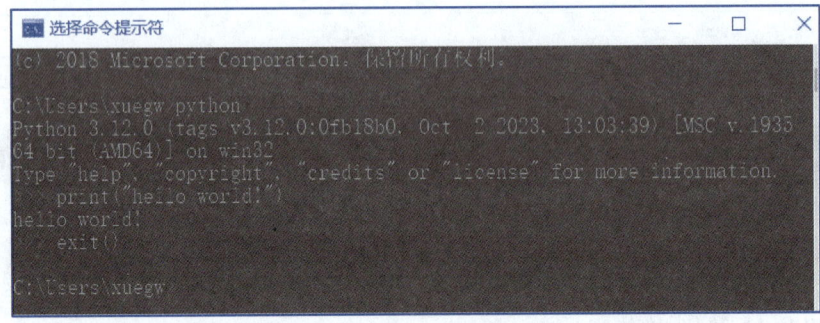

图 2-9
退出 Python 解释器

视频 16
在 python 程序中引入模块或包

2.4.2 引入模块

模块（Module）是一个扩展名为 py 的文件，通常包含函数和变量的定义，以及其他模块中引入的内容，在 Python 语言中有重要的地位。

Step 1：引入模块

存在一个模块 A.py，如果要使用其中的所有变量和函数，可以使用 import A.py 引入该模块的内容。

例如，有一个源文件 circle.py，其中定义了变量 pi 和两个函数 area( ) 和 volume( )，其代码如下所示。

```
pi = 3.1415926
```

```
def area( radius ):
    return pi * radius * radius
def girth(radius):
    return pi * radius * radius * radius
```

可见，该源文件中有两个函数 area( )和 girth( )，分别计算圆的面积和周长。

源代码 getAreaGirth.py 要调用 circle.py 中的函数计算圆的面积和周长，其内容如下。

```
import circle
print( 'pi 的值是: ',circle.pi )
radius = float( input('输入圆的半径: ') )
print( '该圆的面积是: ',circle.area(radius) )
print( '该圆的周长是: ',circle.girth(radius) )
```

可见，如果要使用 pi 变量和 area( )函数，需要明确指出这两个对象来源于 circle 模块。

这两个源文件存储在目录"D:\Python"中，运行该程序的结果如图 2-10 所示。

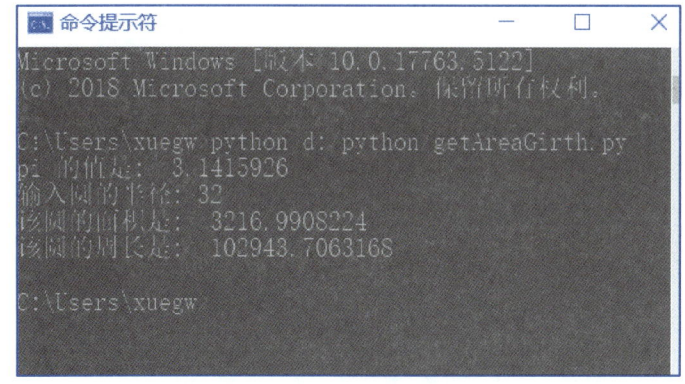

图 2-10
使用其他源文件中的
函数求解面积和周长

Step 2：从模块中引入部分内容

存在一个模块 A.py，如果要使用 A 模块中的对象 B，可以使用 from A import B。这种选择性引入非常适用于需要从一个复杂模块中引入特定部分内容的应用场景。

例如，源代码 getArea.py 需要调用 circle.py 模块中的函数计算圆的面积，而求解圆的面积还需要使用 pi 的值，因此需要从 circle.py 模块引入其中定义的 pi 和 area( )函数，而无须引入 girth( )函数。getArea.py 的内容如下所示。

```
from circle import pi
from circle import area
print( 'pi is: ',pi )
radius = float( input('input radius: ') )
print( 'area of the circle is: ', area(radius) )
```

可见，这里可以直接使用 pi 和 area( )函数，而无须指名这两个对象来自哪个模块。

这两个源文件存储在目录"D:\Python"中，运行该程序的结果如图 2-11 所示。

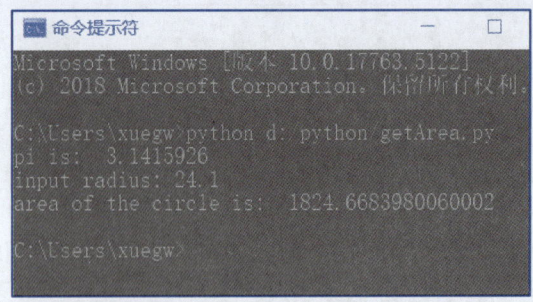

图 2-11
从模块中引入部分内容

Step 3：引入模块并取别名

存在一个模块 A.py，如果要引入该模块并取别名为 B，可以使用 import B as A。

例如，源代码 getAreaGirthNew.py 需要调用 circle.py 模块，可以引入该模块并取别名，这里取名为 cl。方法如下所示。

```
import circle as cl
```

这样，在使用 circle 模块的时候，可以用 cl 代替 circle。

getAreaGirthNew.py 的完整代码如下所示。

```
import circle as cl
print( 'pi 的值是: ',cl.pi )
radius = float( input('输入圆的半径: ') )
print( '该圆的面积是: ',cl.area(radius) )
print( '该圆的周长是: ',cl.girth(radius) )
```

这两个源文件存储在目录"D:\Python"中，运行该程序的结果如图 2-12 所示。

图 2-12
引入模块并取别名

2.4.3 Python 语言基础

1. 使用缩进

C/C++程序设计语言的代码块是用大括号{}来组织的。与此不同，Python 对于程序代码的组织，是通过空格或制表符实现缩进组织代码结构的。具体来讲，逻辑上属于同一代码块的语句应具有相同的缩进量，如果缩进量不同，则代码属于不同代码块。

冒号":"表示一个代码块的开始，其后具有相同缩进的代码块属于同一模块。

程序 intSquareCubic.py 输出 1~10 的整数及其平方、立方。代码如下所示。

```
import numpy as np
```

视频 17
python 语言中的空格和注释

```
num = np.arange(1,11)
print("整数\t 平方\t 立方")
for data in num:
        print(data, end='\t')
        print(data ** 2, end='\t')
        print(data ** 3)
```

使用 numpy 包的 arange( )函数创建了 1～10 的整数,使用 for 循环结构输出整数、整数的平方和整数的立方。这里,for 循环结构执行 3 个 print( )函数。使得这 3 个 print( )函数在同一代码段,是通过在语句开头使用相同个数制表符实现缩进的。相同个数的制表符保证了这些语句具有相同的缩进量,Python 解释器将具有相同缩进量的语句视作同一代码块。

该源文件存储在目录"D:\Python"中,运行该程序的结果如图 2-13 所示。

```
整数    平方    立方
1       1       1
2       4       8
3       9       27
4       16      64
5       25      125
6       36      216
7       49      343
8       64      512
9       81      729
10      100     1000
```

图 2-13
输出 1～10 的平方及立方

2. Python 的注释

(1)单行注释

如果 Python 代码最左边的第一个字符是"#",则 Python 解释器将该行作为注释处理,不会执行该行代码。

在源程序文件 singleComment.py 中,使用单行注释,给出该代码的重要信息,如时间、作者、版本号等。具体代码如下所示。

```
# editted with IDLE
# date: 2018-06-16
# author: xuegw
# rev: 01
# print("这是单行注释")

print( "欢迎使用本教材进行学习。" )
```

可见,该源程序的前 5 行是注释,以单行注释的方式实现。

执行该程序,将忽略掉单行注释部分,只执行最后一个 print( )函数,输出"欢迎使用本教材进行学习",运行结果如图 2-14 所示。

欢迎使用本教材进行学习。

图 2-14
使用单行注释程序运行结果

（2）多行注释

如果需要添加连续多行注释，除每行开头使用"#"外，还可以使用多行注释。在Python中，需要在注释内容的开始之前和结束之后，分别使用3个连续单引号。

将 singleComment.py 的注释换为多行注释。在需要注释代码块的开始前和结尾后，添加3个单引号。修改后的代码如下所示。

```
'''
editted with IDLE
date: 2018-06-16
author: xuegw
rev: 01
print("这是多行注释")
'''

print( "欢迎使用本教材进行学习。" )
```

3. Python 的对象

（1）Python 对象与赋值

对象模型是 Python 程序设计语言的重要特点。解释器认为任何数值、字符串、序列、函数、类等都是对象，而每一个对象都有一个与之相关联的类型以及数据。

在 Python 中对变量赋值，实际上是创建一个对象的引用。其中，等号右边的部分是对象，等号左边的变量为该值的一个引用。可以为同一个对象创建多个引用。

在下面的程序中，创建了一个变量 A，指向类型为列表的对象[1,2,3,4]，同时将 A 赋值给新变量 B，这样引用 A 和 B 指向同一个列表对象[1,2,3,4]。打印输出 A 和 B 的值。之后，通过切片的方式，修改变量 A 指向的列表对象的第 2 个和第 3 个值。其代码如下所示。

视频18
python 语言中的对象模型

```
A = [1,2,3,4]
B = A
print("A 的值是:", A)
print("B 的值是:", B)
A[1:3] = (8,9)
print("修改列表 A 的第 2、3 个元素的值。")
print("重新赋值后，A 的值是:", A)
print("重新赋值后，B 的值是:", B)
```

该程序的运行结果如图 2-15 所示。

```
A的值是： [1, 2, 3, 4]
B的值是： [1, 2, 3, 4]
修改列表 A 的第2、3个元素的值。
重新赋值后, A的值是： [1, 8, 9, 4]
重新赋值后, B的值是： [1, 8, 9, 4]
```

图 2-15
给 Python 对象赋值

可见，改变 A 的值，同时也会改变 B 的值。因为改变 A 的值，其实是改变 A 指向对象的值，而 B 是该对象的另一个引用。

（2）Python 对象的类型

Python 的变量是对象的一个引用，因此，变量不保存对象的类型，对象的类型保存在对象内部。

使用 type( )函数可以输出变量所指向对象的类型，该函数可以使用一个参数，该参数是一个变量的名称。

如果需要判断某对象是否是某个特定类型，可以使用 isinstance( )函数。该函数具有两个参数，第 1 个参数是变量，第 2 个参数是类型。其中，第 2 个参数可以是元组。

在下面程序中，变量 aStr 指向对象"Hello world"，使用 type( )函数输出该对象的类型。变量 aNum 指向整数对象 8，使用 isinstance( )函数来判断该对象是整数还是浮点数，并使用 if 分支结构输出相应的结果。

```
aStr = "Hello world!"
print("aStr 的值是:", aStr, end=' ')
print("其类型是:", type(aStr))
aNum = 8
print("aNum 的值是:", aNum, end=' ')
if isinstance(aNum, int):
    print("其类型是整数。")
elif isinstance(aNum, float):
    print("。其类型是浮点数。")

print( isinstance(aNum, (int, bool)) )
```

该程序的运行结果如图 2-16 所示。

```
aStr的值是: Hello world! 其类型是: <class 'str'>
aNum的值是: 8 其类型是整数。
True
```

图 2-16
确定 Python 对象的类型

可见，由于变量 aNum 指向的对象是整数，因此 if 分支结构执行第一个分支的语句。

（3）对象的内置属性和方法

Python 的对象通常都有属性（attribute）和方法（method）。这里所说的方法和某些编程语言中的函数描述的对象是相同的。

对于一个 Python 对象 Object，访问其属性 attr 的方法如下。

```
Object.attr
```

访问 func( )的方法如下。

```
Object.func( )
```

在下面的程序中，演示了对字符串对象内置方法的使用。在该示例中，变量 aStr 字符串指向一个字符串对象，创建该对象的副本并将副本转化为大写格式，这些操作不会改变原字符串对象。在必要的部分输出打印字符串的值。代码如下所示。

```
aStr = "Hello world!"
print("字符串 aStr 的值是：", aStr)
```

```
aStrUp = aStr.upper( )
print("字符串 aStrUp 的值是：", aStrUp)
print("现在，字符串 aStr 的值是：", aStr)
```

该程序的运行结果如图 2-17 所示。

图 2-17
使用字符串对象的内置方法

```
字符串aStr的值是：  Hello world!
字符串aStrUp的值是： HELLO WORLD!
现在，字符串aStr的值是： Hello world!
```

（4）将对象的引用作为函数参数

在 C/C++ 程序设计语言中，函数参数既可以使用值传递，也可以使用引用传递（指针传递）的方式。在 Python 中，如果将对象作为函数参数，则传递的是该对象的引用，即按引用传递，这意味着函数可以修改作为参数的对象的值。

在下面的程序中，设计了一个函数 makeList( )，该函数的参数是一个列表对象 orgList，该函数创建并返回一个新列表对象 newList。新列表 newList 的值是将 orgList 的值进行拼接得到的结果，newList 元素的数量是 orgList 元素数量的两倍。makeList( ) 函数还修改 orgList 对象的值，即将其所有元素赋值为 0。代码如下所示。

```
def makeList( orgList ):
    newList = orgList + orgList
    for item in range( len(orgList) ):
        orgList[item] = 0
    return newList

aList = [1, 2, 3, 4, 5]
print('aList 是：', aList)
bList = makeList( aList )
print('调用函数后，aList 变成：', aList)
print('使用函数创建的新列表 bList 是：', bList)
```

该程序的运行结果如图 2-18 所示。

图 2-18
将对象作为函数的参数

```
aList是： [1, 2, 3, 4, 5]
调用函数后，aList变成： [0, 0, 0, 0, 0]
使用函数创建的新列表bList是： [1, 2, 3, 4, 5, 1, 2, 3, 4, 5]
```

（5）is 和 is not 运算符

可以通过使用 is 或 is not 运算符来判断两个变量是否指向同一个对象。这两个关键字的返回值如表 2-4 所示。

表 2-4 is 和 is not 运算符

运算符	用法	变量 A 和 B 指向同一对象	返回值
is	A is B	是	True
		否	False
is not	A is not B	是	False
		否	True

在下面的程序中，变量 aList 指向列表对象[1,2,3,4,5]，变量 bList 的值等于 aList，变量 aStr 指向字符串对象"Hello World"，变量 aNum 指向整数对象 75。使用 is 运算符判断 aList 和 bList 是否指向相同的对象，使用 is not 运算符判断 aStr 和 aNum 是否指向不同的对象。根据运算符的返回值，输出结果。完整的代码如下所示。

```
aList = [1, 2, 3, 4, 5]
bList = aList
aStr = "Hello World"
aNum = 75
if aList is bList:
    print("aList 和 bList 指向同一个对象。")
else:
    print("aList 和 bList 不指向同一个对象。")
if aStr is not aNum:
    print("aStr 和 aNum 不指向同一个对象。")
else:
    print("aStr 和 aNum 指向同一个对象。")
```

该程序的运行结果如图 2-19 所示。

```
aList 和 bList 指向同一个对象。
aStr 和 aNum 不指向同一个对象。
```

图 2-19
使用 is 和 is not 运算符

（6）可变和不可变对象

以是否可变为标准，Python 对象分为可变（mutable）对象和不可变（immutable）对象两种。其中，可变对象的值是可以改变的，不可变对象的值是不能改变的。大部分 Python 对象是可变对象，如列表、字典等。不可变对象包括字符串、元组等。

在如下程序中，创建了一个字典 aDict 和一个元组 aTuple，尝试修改 aDict 和 aTuple 的值。完整的代码如下所示。

```
aDict = { "姓名":"张三", "年龄":22}
aTuple = (1, 2, 3, 4, 5)

print("%s 的年龄是 %d 岁." %(aDict["姓名"], aDict["年龄"]))
aDict["年龄"] = 32
print("修改后 %s 的年龄是 %d 岁." %(aDict["姓名"], aDict["年龄"]))

print("aTuple 的值是：", aTuple)
aTuple[0] = 4
```

可见，首先尝试修改字典 aDict 的键为"年龄"的值，之后尝试修改元组 aTuple 的第 1 个元素的值。

该程序的运行结果如图 2-20 所示。

从图 2-20 可见，字典对象是可以修改的，而元组对象是无法修改的。

```
张三 的年龄是 22 岁.
修改后 张三 的年龄是 32 岁.
aTuple的值是： (1, 2, 3, 4, 5)
Traceback (most recent call last):
    File "D:\Python\getArea.py", line 9, in <module>
        aTuple[0] = 4
TypeError: 'tuple' object does not support item assignment
```

图 2-20
修改字典和元组的值

视频 19
python 语言中的运算符

4．Python 的运算符

（1）算术运算符

Python 常用的算术运算符如表 2-5 所示。

表 2-5　常用算术运算符

运算符	示例	说明
+	a + b	返回 a 加 b 的结果
-	a - b	返回 a 减 b 的结果
*	a * b	返回 a 乘以 b 的结果
/	a / b	返回 a 除以 b 的结果
//	a // b	返回 a 除以 b 的结果向下取整
**	a ** b	返回 a 的 b 次幂

在下面的程序中，变量 aNum 指向整数对象 9，变量 bNum 指向整数对象 2，输出这两个数字加、减、乘、除的结果。完整的代码如下所示。

```
aNum = 9
bNum = 2
print("%d 与 %d 相加的结果是 %d" % (aNum, bNum, aNum + bNum))
print("%d 与 %d 相减的结果是 %d" % (aNum, bNum, aNum - bNum))
print("%d 与 %d 相乘的结果是 %d" % (aNum, bNum, aNum * bNum))
print("%d 与 %d 相除的结果是 %d" % (aNum, bNum, aNum / bNum))
```

该程序的运行结果如图 2-21 所示。

```
9 与 2 相加的结果是 11
9 与 2 相减的结果是 7
9 与 2 相乘的结果是 18
9 与 2 相除的结果是 4
```

图 2-21
整数的四则运算

（2）逻辑运算符

Python 常用的逻辑运算符如表 2-6 所示。

表 2-6　常用逻辑运算符

运算符	示例	说　　明
&	a & b	返回 a 与 b 按位与的结果，可以将 True 和 False 视为整数 1 和 0
|	a | b	返回 a 与 b 按位或的结果，可以将 True 和 False 视为整数 1 和 0
^	a ^ b	返回 a 与 b 按位异或的结果，可以将 True 和 False 视为整数 1 和 0

在下面的程序中,变量 aNum 指向整数对象 9,变量 bNum 指向整数对象 2,输出这两个数字按位与、按位或、按位异或的结果。完整的代码如下所示。

```
aNum = 9
bNum = 2
print("%d 与 %d 按位与的结果是 %d" % (aNum, bNum, aNum & bNum))
print("%d 与 %d 按位或的结果是 %d" % (aNum, bNum, aNum | bNum))
print("%d 与 %d 按位异或的结果是 %d" % (aNum, bNum, aNum ^ bNum))
```

该程序的运行结果如图 2-22 所示。

```
9 与 2 按位与的结果是 0
9 与 2 按位或的结果是 11
9 与 2 按位异或的结果是 11
```

图 2-22 整数的逻辑运算

(3) 比较运算符

Python 常用的比较运算符如表 2-7 所示。

表 2-7 常用比较运算符

运算符	示例	说明
==	a == b	如果 a 等于 b,则返回 True,否则返回 False
!=	a != b	如果 a 不等于 b,则返回 True,否则返回 False
<=	a <= b	如果 a 小于或等于 b,则返回 True,否则返回 False
<	a < b	如果 a 小于 b,则返回 True,否则返回 False
>=	a >= b	如果 a 大于或等于 b,则返回 True,否则返回 False
>	a > b	如果 a 大于 b,则返回 True,否则返回 False

在下面的程序中,创建一个函数 numCompare(aNum, bNum),该函数比较两个参数 aNum 和 bNum 的大小,输出比较结果。调用该函数,比较 5 和 7、3 和 3、8 和 2 的大小关系。完整的代码如下所示。

```
def numCompare(aNum, bNum):
    if aNum > bNum:
        print("%d 大于 %d" % ( aNum, bNum))
    elif aNum == bNum:
        print("%d 等于 %d" % ( aNum, bNum))
    else:
        print("%d 小于 %d" % ( aNum, bNum))

numCompare(5,7)
numCompare(3,3)
numCompare(8,2)
```

该程序的运行结果如图 2-23 所示。

```
5 小于 7
3 等于 3
8 大于 2
```

图 2-23
使用比较运算符

视频 20
python 语言中的控制流

2.4.4 控制流

1. 分支结构

在 Python 中,可以使用 if、elif 和 else 实现程序的分支结构。

if 关键字用于判断条件,如果表达式值为 True,则执行 if 判断语句冒号之后的语句块,否则跳过紧随其后的语句块,执行下一语句块。其结构如下所示。

```
if 表达式:
    语句块
```

可以使用 if 和 elif 关键字,构成更为复杂的分支结构。首先执行 if 判断语句,如果表达式值为 True,则执行 if 判断语句冒号之后的语句块,否则判断之后的 elif 条件,如果表达式值为 True,则执行 elif 判断语句冒号之后的语句块。其结构如下所示。

```
if 表达式 1:
    语句块 1
elif 表达式 2:
    语句块 2
elif 表达式 3:
    语句块 3
```

可以使用 if、elif 和 else 关键字,构成一个包含所有情况的分支结构。其结构如下所示。

```
if 表达式 1:
    语句块 1
elif 表达式 n:
    语句块 n
else:
    语句块 2
```

在下面的示例中,由用户输入当前的时间,根据输入的时间,打印输出不同的问候语,具体来说,0~8 点输出"早上好!",8~12 点输出"上午好!",12~17 点输出"下午好!",17~21 点输出"晚上好!",其余时间(即 21~0 点)输出"该睡觉了,晚安!"。完整的代码如下所示。

```
currentHour = int( input('输入当前的小时(0-24): '))
print( currentHour )
if currentHour < 0 or currentHour > 24:
    print('输入的时间错误,请重新输入。')
    currentHour = int( input('输入当前的小时: '))
if currentHour > 0 and currentHour < 8:
```

```
        print('早上好！')
    elif currentHour < 12:
        print('上午好！')
    elif currentHour < 17:
        print('下午好！')
    elif currentHour < 21:
        print('晚上好！')
    else:
        print('该睡觉了，晚安 ！')
```

该程序的运行结果如图 2-24 所示。

```
输入当前的小时(0-24)：32
32
输入的时间错误，请重新输入。
输入当前的小时：21
该睡觉了，晚安 ！
```

图 2-24
使用 if 分支结构

2．使用 for 的循环结构

可以使用 for 循环对集合或迭代器进行循环处理。其使用方法如下所示。

```
for item in collection:
    语句块
```

- 使用 continue 关键字可以跳过当前语句块之后的部分，进入下一次循环。
- 使用 break 关键字可以结束当前 for 循环结构。

在下面的示例中，创建一个元组对象 sleepPerDay，该元组存储的是用户在 30 天内每天的睡眠时长，单位是小时。使用 for 循环求解该用户这 30 天内的总睡眠时间，来确定总失眠时间是否达到 150 小时。如果元组元素的值小于或等于 1，认为该数字是输入错误，跳过该数字。如果累计的睡眠时间大于 150 小时，则停止计算，跳出循环结构。完整的代码如下所示。

```
sleepPerDay = (8,8,7,8,6,8,
               5,7,7,8,7,8,
               7,8,7,1,6,9,
               8,7,1,8,7,6,
               7,8,6,8,6,6)
totalSleep = 0
for item in sleepPerDay:
    if item <= 1:
        continue
    if totalSleep >= 150:
        break
    totalSleep += item
print('总的睡眠时长是：', totalSleep)
```

该程序的运行结果如图 2-25 所示。

图 2-25 使用 for 循环计算总睡眠时长

总的睡眠时长是： 154

3．使用 while 循环结构

使用 while 对条件表达式进行判断，如果表达式的值是 True，则执行 while 表达式后的语句块，否则跳过 while 语句块，执行其后的语句块。其使用方法如下所示。

```
while 表达式:
    语句块
```

- 使用 continue 关键字可以跳过当前语句块之后的部分，进入下一次循环。
- 使用 break 关键字可以结束当前 while 循环结构。

在下面的示例中，使用 while 循环实现计算总睡眠时长的例子。完整的代码如下所示。

```
sleepPerDay = (8,8,7,8,6,8,
               5,7,7,8,7,8,
               7,8,7,1,6,9,
               8,7,1,8,7,6,
               7,8,6,8,6,6)
totalSleep = 0
index = 0
while totalSleep <= 150:
    item = sleepPerDay[index]
    index += 1
    if item <= 1:
        continue
    totalSleep += item
print('总的睡眠时长是：', totalSleep)
```

2.4.5 三元表达式

和 C/C++类似，Python 中也可以通过运算符构成三元表达式。其使用方法如下所示。

```
A = expr1 if expr2 else expr3
```

该三元表达式相当执行如下 if 分支结构。

```
if expr2:
    A = expr1
else:
    A = expr3
```

2.4.6 文件操作

使用 numpy 和 pandas 模块中的函数，可以容易地完成对 csv、xls 等格式文件的读写。在很多应用中，需要使用 Python 进行文件操作。

1．打开、关闭文件

和 C/C++等程序设计语言类似，在对文件进行读、写等操作之前，需要首先打开文

视频 21
python 语言中的文件操作

件，操作完毕后，需要关闭文件。
- 使用 open( )函数打开一个文件。
- 使用 close( )函数关闭一个文件。

在下面的示例中，打开名称为 filePath 的文件，使用 read( )方法读取文件中的所有内容，赋值给字符串变量 outStr，最后输出打印该字符串。完整的代码如下所示。

```
fullPath = "d:/python/readme.txt"
aFile = open( fullPath )
outStr = aFile.read( )
print( outStr )
aFile.close( )
```

该程序的运行结果如图 2-26 所示。

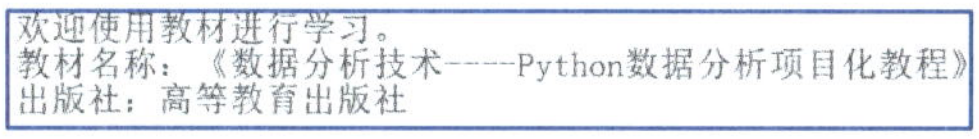

```
欢迎使用教材进行学习。
教材名称：《数据分析技术——Python数据分析项目化教程》
出版社：高等教育出版社
```

图 2-26 读取文件运行结果

2．文件操作的模式

使用 open( )函数打开一个文件，默认的模式是只读模式。在只读模式下尝试修改文件内容，Python 解释器认为是非法操作。因此为了能够对文件执行既定操作，需要设置正确的模式。表 2-8 列出了 Python 文件操作的常用模式。

表 2-8　常用的文件操作模式

模式	说明
r	只读模式
w	只写模式，覆盖文件的原有内容
r+	读写模式
a	在文件末尾追加内容
b	用在其他模式之后，比如 rb、wb 等，表示操作的文件是二进制文件

3．常用文件对象函数

文件对象具有多个方法，表 2-9 列出了常用的方法。

表 2-9　常用的文件对象方法

函数	功能
read(n)	读取文件内容，并存储为字符串。该函数的参数 n 指明读取的字节数，如果不显示给 n 赋值，则读取文件全部内容
readline( )	读取文件的一行。可以多次使用该函数，实现按行读取文件
readlines( )	读取文件内容，并存储为列表
write( )	向文件中写入字符串
seek(n)	移动到文件的指定位置，文件的起始位置 n = 0
tell( )	该函数的返回值是文件当前的位置

在下面的示例中，首先以写模式的"w"打开名称为 filePath 的文件，使用 write( )方法完成写文件操作。之后以读模式"r"打开该文件，使用 read( )方法一次性读取文件内容并打印输出，然后使用 seek( )方法跳转到文件起始位置，读取一行内容并输出打印。完整的代码如下所示。

```python
fullPath = "d:/python/readme.txt"
aFile = open( fullPath,'w' )
print("--- 开始写入 ---")
aFile.write("本教材编者工作单位：\n")
aFile.write("\t 深圳信息职业技术学院\n")
aFile.write("\t 软件学院\n")
aFile.write("\t 软件技术专业\n")
aFile.write("\tPython 方向\n")
print("--- 写入完成 ---\n")
aFile.close( )
print("--- 读取文件 ---")
aFile = open( fullPath,'r' )
fileContent = aFile.read( )
print( fileContent )
print("--- 读取完成 ---\n")
print("--- 跳转到文件起始位置，读取一行 ---")
aFile.seek(0)
fileContent = aFile.readline( )
print( fileContent )
aFile.close( )
```

该程序的运行结果如图 2-27 所示。

```
--- 开始写入 ---
--- 写入完成 ---

--- 读取文件 ---
本教材编者工作单位：
        深圳信息职业技术学院
        软件学院
        软件技术专业
        Python方向

--- 读取完成 ---
--- 跳转到文件起始位置，读取一行 ---
本教材编者工作单位：
```

图 2-27
读写文件

2.5 素养提升

通过实操点餐系统，使用信息化手段为餐饮商铺赋能，为用户提供高效的点餐方式。提高点餐效率为商家和用户带来便利，增强用户幸福感和满足感。使用不同技术，数据分析程序的代码量和程序运行速度均不同。在学习软件开发的过程中，读者需要不断锤炼追求卓越的精神和精益求精的品质。

2.6 课后练习

一、填空题

1. 需要在 cmd 命令窗口中运行源代码 hello.py，使用的命令是_____。
2. 有一个字符串 aStr = "hello world"，需要将该字符串中所有字符转换为大写，并复制给变量 bStr，使用的命令是_____。
3. 创建一个元组对象，其值是(1,2,3,4)，复制给变量 aTuple，使用的命令是_____。
4. 执行如下代码，输出结果是（   ）。

```
aStr = "Hello World"
aNum = 75
if aStr is not aNum:
    print("aStr 和 aNum 不指向同一个对象。")
else:
    print("aStr 和 aNum 指向同一个对象。")
```

二、判断题

1. Python 序列对象的值是不可变的。   （   ）
2. 对于 Python 语句，仅能使用符号"#"进行单行注释，无法进行多行注释。（   ）
3. 使用 open()函数打开一个文件，默认模式是读写模式。   （   ）
4. 只能在线安装第三方包。   （   ）

三、选择题

1. 执行如下代码的输出结果是（   ）。

```
aStr = "hello world"
print(aStr)
```

   A．Hello world
   B．hello world
   C．"hello world"
   D．aStr

2. 需要在代码中引入 circle 包的 area()函数，应该使用（   ）。

   A．import circle and area
   B．from circle import area
   C．import circle's area
   D．import area from circle

3. 执行如下代码的输出结果是（   ）。

```
A = [1,2,3,4]
B = A
A[1:3] = (8,9)
```

```
                    print("修改列表 A 的第 2、3 个元素的值。")
                    print(B)
```

  A. A
  B. [1,2,3,4]
  C. B
  D. [1,8,9,4]

四、综合题

  开发 Python 程序，要求用户输入一个大于等于 1 的整数，求解该整数的平方、立方，并按照图 2-28 的格式写入文件 "result.txt" 中。

整数	平方	立方
1	1	1
2	4	8
3	9	27
4	16	64
5	25	125
6	36	216
7	49	343
8	64	512
9	81	729
10	100	1000

图 2-28
整数的平方、立方程序格式

项目 3　景区游客量统计

——追求卓越，不断突破

学习指导

知识目标	了解数据分析的含义
	了解使用 Python 和第三方扩展包进行数据分析的优势
技能目标	能够使用 Python 进行数据分析
	能够使用 numpy、pandas 进行数据分析
	能够使用 numpy 的函数读取 CSV 文件
	能够使用 pandas 的函数读取 CSV 文件

项目 3 景区游客量统计

PPT：
使用 Python 进行景区游客分析

视频 22
使用 python 对九寨沟游客量进行分析

3.1 情境描述

哼哼唧唧旅游公司承接游客的旅游业务。公司成立半年来，成功组织了多次旅游团。近期，为了优化公司资源配置，决定对半年来公司的业务数据进行梳理，找到游客青睐的旅游点，加大投入，同时对游客较少的旅游点进行改进升级。

为此，该公司找到了欢喜科技。欢喜科技将这项任务交给了小刘。经分析，小刘决定对这些数据进行分析，并使用 Python 和 numpy 作为数据分析工具。

3.2 任务分析

1. 数据表分析

该数据表由 265 行和 6 列数据组成。其中第一行是表的数据字段名称，"月份"表明该列的数据是统计的日期，"九寨沟"表明该列的数据是九寨沟在相应日期的游客人数，"张家界"表明该列的数据是张家界在相应日期的游客人数，以此类推。

该表格的前 14 行如表 3-1 所示。

表 3-1 数据表前 14 行数据

日期	九寨沟	张家界	香港	东部华侨城	上海迪士尼
2022/9/1	21	26	1	16	25
2022/9/2	12	26	9	8	22
2022/9/3	26	21	4	8	21
2022/9/4	6	27	6	10	25
2022/9/5	19	30	9	13	39
2022/9/6	24	21	0	8	28
2022/9/7	17	8	10	15	33
2022/9/8	23	27	7	15	30
2022/9/9	6	18	4	9	11
2022/9/10	29	15	10	16	39
2022/9/11	16	28	10	6	29
2022/9/12	8	15	3	10	33
2022/9/13	21	23	10	8	20
2022/9/14	7	20	2	5	32

该表格的最后 15 行如表 3-2 所示。

表 3-2 数据表最后 15 行

日期	九寨沟	张家界	香港	东部华侨城	上海迪士尼
2023/5/8	13	18	1	8	20
2023/5/9	23	23	0	6	16
2023/5/10	26	13	6	17	13
2023/5/11	19	22	4	20	14
2023/5/12	29	22	7	5	25
2023/5/13	15	26	2	10	26
2023/5/14	11	18	3	8	38
2023/5/15	6	30	1	11	23
2023/5/16	28	13	6	18	22
2023/5/17	30	10	9	15	14
2023/5/18	29	16	4	13	34
2023/5/19	25	22	9	18	28
2023/5/20	24	16	4	8	23
2023/5/21	6	13	2	11	24
2023/5/22	15	24	8	20	24

可见，该表格有如下两个特点。

① 需要处理的核心数据，即每日的游客数量，是整数类型。

② 数据表中有汉字字符和特殊格式的日期需要处理。

2. 数据分析程序开发

既可以使用纯 Python 语言，也可以使用 numpy 或者 pandas。

使用纯 Python 语言，需要使用文件操作、函数设计、列表操作、数据格式转换等相关技术。使用 numpy 或者 pandas 开发，需要使用文件读写、数组操作、DataFrame 操作等相关技术。

为了比较性能，可以使用性能评估函数进行性能评估。

3.3 任务实施：使用 Python 实现

3.3.1 计算九寨沟的游客总量

Step 1：添加程序包

读取 CSV 文件需要使用 csv 扩展包中的 reader( )函数，因而引入 csv 扩展包，代码如下所示。

```
import csv
```

项目 3　景区游客量统计

Step 2：定义求和函数

定义函数 getTotalTourist( )，用以求解数组元素的累加和，并将计算结果 total 作为返回值返回。该函数具有一个参数 place，是需要进行处理的数组对象，代码如下所示。

```
def getTotalTourist( place ):
    total = 0
    for dayTourist in place:
        total += dayTourist
    return total
```

Step 3：读取数据

首先使用 open( )函数，以只读方式打开文件，然后使用 read( )函数将数据读取到变量 all_data 中。最后使用 print( )函数输出打印 all_data 中的数据，代码如下所示。

```
data_file = open('tourist_data.csv','r')
all_data = csv.reader(data_file)
for day_data in all_data:
    print( day_data )
```

部分输出结果如图 3-1 所示。

```
['日期', '九寨沟', '张家界', '香港', '东部华侨城', '上海迪士尼']
['2022/9/1',  '21', '8',  '2',  '14', '13']
['2022/9/2',  '28', '10', '6',  '19', '10']
['2022/9/3',  '20', '14', '8',  '7',  '29']
['2022/9/4',  '24', '3',  '1',  '12', '22']
['2022/9/5',  '10', '20', '2',  '13', '7']
['2022/9/6',  '29', '9',  '6',  '6',  '5']
['2022/9/7',  '8',  '9',  '5',  '16', '20']
['2022/9/8',  '9',  '3',  '6',  '14', '12']
['2022/9/9',  '7',  '6',  '8',  '18', '35']
['2022/9/10', '12', '9',  '8',  '12', '32']
['2022/9/11', '10', '12', '10', '14', '29']
['2022/9/12', '18', '13', '0',  '19', '32']
['2022/9/13', '6',  '10', '5',  '18', '34']
['2022/9/14', '6',  '16', '2',  '5',  '33']
```

图 3-1
读取的数据表

这里，day_data 是一个列表，列表每行有 6 个元素。

Step 4：读取九寨沟数据

九寨沟的每日游客数量位于数据文件中的第 2 列，由 all_data 中每行的第 2 个元素组成。在这里，读取每行数据组成的列表的第 2 个元素，并存储在列表 jzg_data 中，代码如下所示。

```
jzg_data = []
for row in all_data:
    jzg_data.append(row[1])
```

实现该功能，Python 支持使用另外一种更便捷的方式，其代码如下所示。

```
jzg_data = [row[1] for row in all_data]
```

使用 print( )函数输出打印 jzg_data 列表，结果如图 3-2 所示。

56

3.3 任务实施：使用 Python 实现

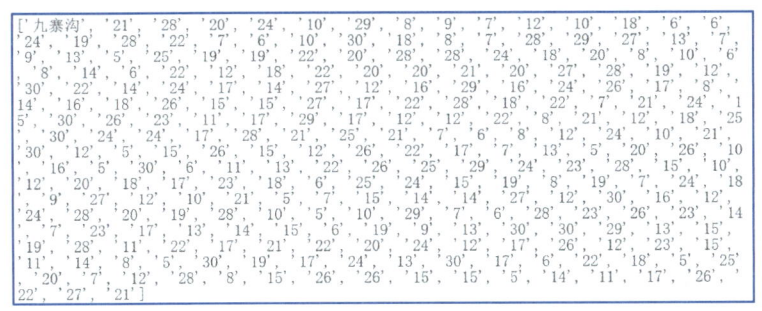

图 3-2 jzg_data 列表对象

可见，该列表的第 1 个元素是旅游点名称，该数值对于计算总人数而言是冗余值。因而，必须先把该值从列表中去掉。除该元素外，其他元素均为字符串类型，因此，为了计算累加和，需要把这些字符串型数据转换为整数类型数据。因此，使用切片操作，将第二个元素之后的数据保存到列表 jzg_data_str 中，并将 jzg_data_str 列表的元素转换为整数类型。将这些操作所得的列表对象，赋值给变量 jzg_data，代码如下所示。

```
jzg_data_str = jzg_data[1:]
jzg_data = list( map(int, jzg_data_str) )
```

经过切片操作及类型转换后，jzg_data 列表符合预期。使用 print( )函数输出打印该列表，结果如图 3-3 所示。

```
[21, 28, 20, 24, 10, 29, 8, 9, 7, 12, 10, 18, 6, 6, 24, 19, 28, 22, 7, 6, 10, 30, 18, 8, 7
, 28, 29, 27, 13, 7, 9, 13, 5, 25, 19, 19, 22, 20, 28, 28, 24, 18, 20, 8, 10, 6, 8, 14, 6,
22, 12, 18, 22, 20, 20, 21, 20, 27, 28, 19, 12, 30, 22, 14, 24, 17, 14, 27, 12, 16, 29, 1
6, 24, 26, 17, 8, 14, 16, 18, 26, 15, 15, 27, 17, 12, 18, 25, 30, 24, 24, 17, 28, 21, 25,
3, 11, 17, 29, 17, 12, 12, 22, 8, 21, 12, 18, 25, 30, 24, 24, 17, 28, 21, 25, 21, 7, 6, 8,
12, 24, 10, 21, 30, 12, 5, 15, 26, 15, 12, 26, 22, 17, 7, 13, 23, 18, 6, 25, 24, 15, 19, 8
, 11, 13, 22, 26, 25, 29, 24, 23, 28, 15, 10, 12, 20, 18, 17, 23, 18, 6, 25, 24, 15, 19, 8
, 19, 7, 24, 18, 9, 27, 12, 10, 21, 5, 7, 17, 26, 15, 17, 12, 30, 16, 19, 9, 13, 30, 30,
28, 10, 5, 10, 29, 7, 6, 28, 23, 26, 23, 14, 7, 23, 17, 13, 14, 15, 6, 19, 9, 13, 30, 30,
29, 13, 15, 19, 28, 11, 22, 17, 21, 22, 20, 24, 12, 17, 26, 12, 23, 15, 11, 14, 8, 5, 30,
19, 17, 24, 13, 30, 17, 6, 22, 18, 5, 25, 20, 7, 12, 28, 8, 15, 26, 15, 15, 5, 14, 11,
17, 26, 22, 27, 21]
```

图 3-3 jzg_data 列表对象

可见，列表 jzg_data 的元素数据类型是整数类型，可以用来进行累加和计算。

Step 5：计算累计游客人数

调用函数 getTotalTourist( )，计算 jzg_data 列表元素的累加和，累加结果即这段时期通过该旅行社赴九寨沟游客的总量。将其结果进行输出显示，代码如下所示。

```
jzg_total = getTotalTourist(jzg_data)
print("该时期到九寨沟旅游的总人数是：",jzg_total)
```

运行程序，结果如图 3-4 所示。

```
该时期到九寨沟旅游的总人数是： 4665
```

图 3-4 该时期九寨沟旅游总人数

Step 6：关闭文件

在进行了文件读取操作之后，需要关闭文件。使用 close( )函数实现，代码如下所示。

```
data_file.close( )
```

Step 7：代码整合

将不必要的 print( )注释掉，求解九寨沟总旅游人数的完整代码如下所示。

项目 3　景区游客量统计

```
import csv
def getTotalTourist( place ):
    total = 0
    for dayTourist in place:
        total += dayTourist
    return total
data_file = open('tourist_data.csv','r')
all_data = csv.reader(data_file)
#for day_data in all_data:
#    print( day_data )
#jzg_data = []
#for row in all_data:
#    jzg_data.append(row[1])
jzg_data = [row[1] for row in all_data]
#print(jzg_data)
jzg_data_str = jzg_data[1:]
jzg_data = list( map(int, jzg_data_str) )
#print(jzg_data)
jzg_total = getTotalTourist(jzg_data)
print("该时期到九寨沟旅游的总人数是：",jzg_total)
data_file.close( )
```

3.3.2　计算其他景区的游客总数

视频 23
使用 Python 分析更多景区的游客量

在 3.3.1 节中，首先读取数据文件，然后从读取的二维数据表中，获取某一列的值生成一个列表对象，对该列表对象的元素进行处理，得到可以用来计算的数据。最终求解得到赴九寨沟旅游的总人数。本节使用这种方法求解其他旅游景点游客总数。

Step 1：计算张家界的游客总量

张家界的每日游客量数据位于数据文件的第 3 列，因此需要对数据表中的第 3 列数据进行处理，处理方式与 3.3.1 小节的方式类似，代码如下所示。

```
data_file = open('tourist_data.csv','r')
all_data = csv.reader(data_file)
zjj_data = [row[2] for row in all_data]
zjj_data_str = zjj_data[1:]
zjj_data = list( map(int, zjj_data_str) )
zjj_total = getTotalTourist(zjj_data)
print("该时期到张家界旅游的总人数是:", zjj_total )
data_file.close( )
```

Step 2：计算香港的游客总量

香港的每日游客量数据位于数据文件的第 4 列，因此需要对数据表中的第 4 列数据进行处理，处理方式与 3.3.1 节的方式类似，代码如下所示。

```
data_file = open('tourist_data.csv','r')
all_data = csv.reader(data_file)
hk_data = [row[3] for row in all_data]
hk_data_str = hk_data[1:]
hk_data = list( map(int, hk_data_str) )
hk_total = getTotalTourist(hk_data)
print("该时期到香港旅游的总人数是:", hk_total )
data_file.close( )
```

Step 3：计算东部华侨城的游客总量

东部华侨城的每日游客量数据位于数据文件的第 5 列，因此需要对数据表中的第 5 列数据进行处理，处理方式与 3.3.1 节的方式类似，代码如下所示。

```
data_file = open('tourist_data.csv','r')
all_data = csv.reader(data_file)
dbhqc_data = [row[4] for row in all_data]
dbhqc_data_str = dbhqc_data[1:]
dbhqc_data = list( map(int, dbhqc_data_str) )
dbhqc_total = getTotalTourist(dbhqc_data)
print("该时期到东部华侨城旅游的总人数是:", dbhqc_total )
data_file.close( )
```

Step 4：计算上海迪士尼的游客总量

上海迪士尼的每日游客量数据位于数据文件的第 6 列，因此需要对数据表中的第 6 列数据进行处理，处理方式与 3.3.1 节的方式类似，代码如下所示。

```
data_file = open('tourist_data.csv','r')
all_data = csv.reader(data_file)
shdisney_data = [row[5] for row in all_data]
shdisney_data_str = shdisney_data[1:]
shdisney_data = list( map(int, shdisney_data_str) )
shdisney_total = getTotalTourist(shdisney_data)
print('通过该旅行社赴上海迪士尼的游客总数为:', shdisney_total)
data_file.close( )
```

Step 5：代码整合

功能完整的代码如下所示。

```
import csv
def getTotalTourist( place ):
    total = 0
    for dayTourist in place:
        total += dayTourist
```

```python
        return total

data_file = open('tourist_data.csv','r')
all_data = csv.reader(data_file)
#for day_data in all_data:
#     print( day_data )
#jzg_data = []
#for row in all_data:
#     jzg_data.append(row[1])
jzg_data = [row[1] for row in all_data]
#print(jzg_data)
jzg_data_str = jzg_data[1:]
jzg_data = list( map(int, jzg_data_str) )
#print(jzg_data)
jzg_total = getTotalTourist(jzg_data)
print("该时期到九寨沟旅游的总人数是：",jzg_total)
data_file.close( )


data_file = open('tourist_data.csv','r')
all_data = csv.reader(data_file)
zjj_data = [row[2] for row in all_data]
zjj_data_str = zjj_data[1:]
zjj_data = list( map(int, zjj_data_str) )
zjj_total = getTotalTourist(zjj_data)
print("该时期到张家界旅游的总人数是:", zjj_total )
data_file.close( )


data_file = open('tourist_data.csv','r')
all_data = csv.reader(data_file)
hk_data = [row[3] for row in all_data]
hk_data_str = hk_data[1:]
hk_data = list( map(int, hk_data_str) )
hk_total = getTotalTourist(hk_data)
print("该时期到香港旅游的总人数是:", hk_total )
data_file.close( )


data_file = open('tourist_data.csv','r')
all_data = csv.reader(data_file)
dbhqc_data = [row[4] for row in all_data]
dbhqc_data_str = dbhqc_data[1:]
dbhqc_data = list( map(int, dbhqc_data_str) )
```

```
dbhqc_total = getTotalTourist(dbhqc_data)
print("该时期到东部华侨城旅游的总人数是:", dbhqc_total )
data_file.close( )


data_file = open('tourist_data.csv','r')
all_data = csv.reader(data_file)
shdisney_data = [row[5] for row in all_data]
shdisney_data_str = shdisney_data[1:]
shdisney_data = list( map(int, shdisney_data_str) )
shdisney_total = getTotalTourist(shdisney_data)
print("该时期到上海迪士尼旅游的总人数是:", shdisney_total)
data_file.close( )
```

运行该程序，输出结果如图 3-5 所示。

```
该时期到九寨沟旅游的总人数是：  4665
该时期到张家界旅游的总人数是：  3090
该时期到香港旅游的总人数是：  1321
该时期到东部华侨城旅游的总人数是： 3194
该时期到上海迪士尼旅游的总人数是： 5633
```

图 3-5 该时期各景区旅游总人数

事实上，对于文件的读写操作仅需要一次就可以，因此可以对程序进行优化，即对该文件进行一次读写，并去掉不必要的注释。完整的代码如下所示。

```
import csv

def getTotalTourist( place ):
    total = 0
    for dayTourist in place:
        total += dayTourist
    return total
data_file = open('tourist_data.csv','r')
all_data = csv.reader(data_file)


jzg_data = [row[1] for row in all_data]
jzg_data_str = jzg_data[1:]
jzg_data = list( map(int, jzg_data_str) )
jzg_total = getTotalTourist(jzg_data)
print("该时期到九寨沟旅游的总人数是：",jzg_total)


zjj_data = [row[2] for row in all_data]
zjj_data_str = zjj_data[1:]
zjj_data = list( map(int, zjj_data_str) )
zjj_total = getTotalTourist(zjj_data)
print("该时期到张家界旅游的总人数是:", zjj_total )
```

```
                    hk_data = [row[3] for row in all_data]
                    hk_data_str = hk_data[1:]
                    hk_data = list( map(int, hk_data_str) )
                    hk_total = getTotalTourist(hk_data)
                    print("该时期到香港旅游的总人数是:", hk_total )

                    dbhqc_data = [row[4] for row in all_data]
                    dbhqc_data_str = dbhqc_data[1:]
                    dbhqc_data = list( map(int, dbhqc_data_str) )
                    dbhqc_total = getTotalTourist(dbhqc_data)
                    print("该时期到东部华侨城旅游的总人数是:", dbhqc_total )

                    shdisney_data = [row[5] for row in all_data]
                    shdisney_data_str = shdisney_data[1:]
                    shdisney_data = list( map(int, shdisney_data_str) )
                    shdisney_total = getTotalTourist(shdisney_data)
                    print("该时期到上海迪士尼旅游的总人数是:", shdisney_total)

                    data_file.close( )
```

PPT：
使用扩展包进行景区游客量分析

运行该程序，输出结果与图 3-5 一致。

3.4 任务实施：使用 numpy 和 pandas 实现

3.4.1 使用 numpy 实现

Step 1：添加程序包

需要使用 numpy 中的函数，如 loadtxt( )，因此需要导入 numpy 扩展包，并按照行业惯例取别名为 "np"。代码如下所示。

```
import numpy as np
```

视频 24
使用 numpy 对游客量进行分析

Step 2：读取数据

使用 numpy 的 loadtxt( )函数读取数据，其返回值是一个数组对象，默认数据类型是浮点数 "float"。这里一次性读取其第 2 列～第 6 列，并分别存储在数组 jzg_data、zjj_data、hk_data、dbhqc_data、shdisney_data 中。将 loadtxt( )函数的参数 "dtype" 设置为 "int"，则可以返回整数型数组。输出打印 shdisney_data 的值作为测试之用，代码如下所示。

```
                    (jzg_data,
                     zjj_data,
                     hk_data,
                     dbhqc_data,
```

3.4 任务实施：使用 numpy 和 pandas 实现

```
            shdisney_data) = np.loadtxt('tourist_data.csv', \
                                skiprows = 1, \
                                dtype = 'int', \
                                delimiter = ',', \
                                usecols = (1,2,3,4,5), \
                                unpack = True)
    print( shdisney_data)
```

在这里，等号左边的变量名字放在小括号中是为了实现在代码内换行。

loadtxt( )函数的第 1 个参数是要读取的文件；skiprows 参数的值是从第 1 行开始忽略掉的行数，默认值为 0，由于该数据文件第 1 行是列名称，因此忽略掉 1 行，所以 skiprows 参数值应为 1；delimiter 参数是不同数据间的分隔符，这里是逗号 ","；usecols 参数表明读取的列数，0 表示第 1 列，因此，这里读取的是第 2 列～第 6 列；当读取多维数组或多列时，需将参数 unpack 的值设置为 True。

运行程序，输出结果如图 3-6 所示。

```
[[13 10 29 22  7  5 20 12 35 22 29 32 34 33 28 12 10 16 33 15 21  7 35 22
  28 36 26 26 27 27  5  8 37 34 24 24 35 18 19 19  6 10  6 25 14 21 26 18
  29 30 27 22 23 15 14 33 26 27  7 21 26 28  6 16 20 13  9 10 30 31 31 33
  30 19 14 14 12 25 37  7  6 36 36 16 18 16 10 34 37 36 14 24 35 32 21
  31 10 31  9 24  9 11 10 33 23 22  5 33 12  5 15 17 27 12 35  8 33 27 36
  37 32 23 36 16 25 23 20 34 32  5 36 14 17 11  5 12  5 11 35 10 17 28 11
  30 24 31 37 18 25 31 19 23 15 10 23 17 11 37  6 33 30 12  9  8 30  5 20
  33 34 15 12 21 22 32 12 15 13 29 22 17 26 29  8 13  9  7 16 14 37 10 31
  21 14 10  5 15  7 32 25 12 25 33 35 36 32 26 35 25 21 26 15  7 23 17
  33 35 11 19 25 23 28 14 33  5  6 21 26  7 18 11 37 34 12 25 27 36 37 34
   5 32 18 20 18 15 37 12 10 13 19 36 13 31  5 37 23 29 15 16 10 14 23 34]]
```

图 3-6
数组 shdisney_data 的值

可见，该数组对象的元素是整数。

Step 3：求解游客总数

numpy 的数组对象有内置方法 sum( )，用于求解数组元素的累加和。求解数组 jzg_data 元素累加和的代码如下所示。

```
    jzg_total = jzg_data.sum( )
```

同理，可以使用相同方法求解其他数组对象元素的累加和，打印输出这 5 个城市的旅客总量，代码如下所示。

```
    jzg_total = jzg_data.sum( )
    zjj_total = zjj_data.sum( )
    hk_total = hk_data.sum( )
    dbhqc_total = dbhqc_data.sum( )
    shdisney_total = shdisney_data.sum( )

    print("(numpy)该时期到九寨沟旅游的总人数是:",\
            jzg_total)
    print("(numpy)该时期到张家界旅游的总人数是:",\
            zjj_total)
    print("(numpy)该时期到香港旅游的总人数是:",\
            hk_total)
```

63

```
        print("(numpy)该时期到东部华侨城旅游的总人数是:",\
              dbhqc_total)
        print("(numpy)该时期到上海迪士尼旅游的总人数是:",\
              shdisney_total)
```

运行该程序,结果如图 3-7 所示。

```
(numpy)该时期到九寨沟旅游的总人数是: 4665
(numpy)该时期到张家界旅游的总人数是: 3090
(numpy)该时期到香港旅游的总人数是: 1321
(numpy)该时期到东部华侨城旅游的总人数是: 3194
(numpy)该时期到上海迪士尼旅游的总人数是: 5633
```

图 3-7
使用 numpy 求解的各城市旅游人数

Step 4:代码整合

完整的代码如下所示。

```
import numpy as np
(jzg_data,
 zjj_data,
 hk_data,
 dbhqc_data,
 shdisney_data) = np.loadtxt('tourist_data.csv', \
                             skiprows = 1, \
                             dtype = 'int', \
                             delimiter = ',', \
                             usecols = (1,2,3,4,5), \
                             unpack = True)
jzg_total = jzg_data.sum()
zjj_total = zjj_data.sum()
hk_total = hk_data.sum()
dbhqc_total = dbhqc_data.sum()
shdisney_total = shdisney_data.sum()

print("(numpy)该时期到九寨沟旅游的总人数是:",\
      jzg_total)
print("(numpy)该时期到张家界旅游的总人数是:",\
      zjj_total)
print("(numpy)该时期到香港旅游的总人数是:",\
      hk_total)
print("(numpy)该时期到东部华侨城旅游的总人数是:",\
      dbhqc_total)
print("(numpy)该时期到上海迪士尼旅游的总人数是:",\
      shdisney_total)
```

3.4.2 使用 pandas 实现

视频 25
使用 pandas 对游客量进行分析

Step 1：添加程序包

使用 pandas 进行数据分析，需要引入 pandas 扩展包，以便使用 pandas 中的数据类型函数，如 read_csv()。另外，通常为 pandas 取别名为"pd"。引入 pandas 扩展包的代码如下所示。

```
import pandas as pd
```

或者

```
import pandas
```

Step 2：读取数据

使用 pandas 的 read_csv()函数读取数据并存储在 data 中，输出打印 data 的类型和值，代码如下所示。

```
data = pd.read_csv('tourist_data.csv',\
                index_col = u'日期',\
                header = 0,\
                encoding='gb2312' )
print("data 的数据类型是：", type(data))
print(data)
```

运行程序，输出结果如图 3-8 所示。

```
data的数据类型是： <class 'pandas.core.frame.DataFrame'>
          九寨沟  张家界  香港  东部华侨城  上海迪士尼
日期
2022/9/1   21    8    2    14      13
2022/9/2   28   10    6    19      10
2022/9/3   20   14    8     7      29
2022/9/4   24    3    1    12      22
2022/9/5   10   20    2    13       7
...        ...  ...  ...   ...     ...
2023/5/18  17    9   10     5      16
2023/5/19  26    6    1     6      10
2023/5/20  22    6    4     7      14
2023/5/21  27   15    9    15      23
2023/5/22  21    4    3    17      34
[264 rows x 5 columns]
```

图 3-8
DataFrame 对象及其值

可见，变量 data 指向一个 DataFrame 对象。

Step 3：求解各城市游客总数

可以使用 sum()函数计算 DataFrame 对象中某一列所有元素的累加和。获取 DataFrame 这种二维表的某一列，可以通过使用列名字或列索引实现。首先求解计算 DataFrame 第 1 列，即九寨沟游客数的总和，使用 print()函数输出打印计算结果，代码如下所示。

```
jzg_total = data['九寨沟'].sum( )
print("(pandas)该时期到东部华侨城旅游的总人数是:",\
    jzg_total)
```

对于其他城市游客总人数的求解，也可以使用类似方式实现。如下代码还打印输出了计算结果。

```
jzg_total = data['九寨沟'].sum()
zjj_total = data['张家界'].sum()
hk_total = data['香港'].sum()
dbhqc_total = data['东部华侨城'].sum()
shdisney_total = data['上海迪士尼'].sum()
print("(pandas)该时期到九寨沟旅游的总人数是:",\
        jzg_total)
print("(pandas)该时期到张家界旅游的总人数是:",\
        zjj_total)
print("(pandas)该时期到香港旅游的总人数是:",\
        hk_total)
print("(pandas)该时期到东部华侨城旅游的总人数是:",\
        dbhqc_total)
print("(pandas)该时期到上海迪士尼旅游的总人数是:",\
        shdisney_total)
```

程序运行结果如图 3-9 所示。

```
(pandas)该时期到东部华侨城旅游的总人数是: 4665
(pandas)该时期到九寨沟旅游的总人数是: 4665
(pandas)该时期到张家界旅游的总人数是: 3090
(pandas)该时期到香港旅游的总人数是: 1321
(pandas)该时期到东部华侨城旅游的总人数是: 3194
(pandas)该时期到上海迪士尼旅游的总人数是: 5633
```

图 3-9
使用 pandas 求解的各城市旅游人数

Step 4：代码整合

使用 pandas 实现该功能的完整代码清单如下所示。

```
import pandas as pd
data = pd.read_csv('tourist_data.csv',\
                    index_col = u'日期',\
                    header = 0,\
                    encoding='gb2312' )
print("data 的数据类型是：", type(data))
print(data)

jzg_total = data['九寨沟'].sum()
zjj_total = data['张家界'].sum()
hk_total = data['香港'].sum()
dbhqc_total = data['东部华侨城'].sum()
shdisney_total = data['上海迪士尼'].sum()
print("(pandas)该时期到九寨沟旅游的总人数是:",\
        jzg_total)
print("(pandas)该时期到张家界旅游的总人数是:",\
        zjj_total)
print("(pandas)该时期到香港旅游的总人数是:",\
```

```
            hk_total)
    print("(pandas)该时期到东部华侨城旅游的总人数是:",\
            dbhqc_total)
    print("(pandas)该时期到上海迪士尼旅游的总人数是:",\
            shdisney_total)
```

3.4.3 3 种实现方法比较

本节中分别使用纯 Python、numpy 包和 pandas 包中的对象，实现了对旅游景区游客数量的计算。这 3 种实现方法具有如下两点不同。

① 代码量不同。很明显，纯 Python 的实现方法具有最多行的代码，numpy 次之，pandas 最少。普遍的共识是，使用第三方扩展包可以更优雅地完成数据分析的工作。

② 处理的数据对象不同。Python 的实现方法处理的数据存储在序列对象中。对序列对象进行处理，通常需要进行多次循环实现、创建多个函数。这也导致了代码行数更多。numpy 处理的对象是数组对象，具有多个预定义的数据分析函数，高效地实现常用数据分析开发工作。pandas 处理的对象是 DateFrame 或 Series 对象，相比较 numpy 的数组而言，这些对象用于处理矩阵或者二维数组更加方便。

以上分析可见，进行数据分析工作，优先使用 numpy 或 pandas。由于 pandas 对 numpy 具有很好的兼容性，因而熟练掌握 numpy 会促进对 pandas 的使用，反之亦然。建议读者充分理解要解决的问题，选择适合该问题的解决方案和开发工具。

3.5 知识储备

3.5.1 数据分析技术简介

数据分析是指用适当的统计分析方法对收集来的大量数据进行分析，提取有用信息和形成结论而对数据加以详细研究和概括总结的过程。这一过程也是质量管理体系的支持过程。在实际应用中，数据分析可帮助人们做出判断，以便采取适当行动。

数据分析是数学与计算机科学相结合的产物。

在统计学领域，有些人将数据分析划分为描述性统计分析、探索性数据分析以及验证性数据分析。其中，探索性数据分析侧重在数据之中发现新的特征，而验证性数据分析则侧重已有假设的证实或证伪。

探索性数据分析是指为了形成值得假设的检验而对数据进行分析的一种方法，是对传统统计学假设检验手段的补充。

定性数据分析又称为"定性资料分析""定性研究"或者"质性研究资料分析"，是指对词语、照片、观察结果之类的非数值型数据（或者说资料）进行分析。

用来进行分析的数据主要来源于搜索引擎抓取数据、网站 IP、PV 等基本数据、网站的 HTTP 响应时间数据、网站流量来源数据等。

3.5.2 csv 文件介绍

csv 文件以逗号分隔值，其文件以纯文本形式存储表格数据（数字和文本）。csv 是一种通用的、相对简单的文件格式，被用户、商业和科学广泛应用。最广泛的应用是在程序之间转移表格数据，而这些程序本身是在不兼容的格式上进行操作的（往往是私有的或非规范的格式）。因为大量程序都支持某种csv变体，至少是作为一种可选择的输入/输出格式。

纯文本意味着csv文件是一个字符序列，不含必须像二进制数字那样被解读的数据。csv文件由任意数目的记录组成，记录间以某种换行符分隔。每条记录由字段组成，字段间的分隔符是其他字符或字符串，最常见的是逗号或制表符。通常，所有记录都有完全相同的字段序列。通常都是纯文本文件。

csv文件格式的通用标准并不存在，但是在RFC 4180中有基础性的描述。使用的字符编码同样没有被指定，但是ASCII是最基本的通用编码。

可以使用常用的文本编辑软件打开csv文件。图3-10是使用Windows自带的记事本程序打开本项目数据文件的部分截图。

```
日期,九寨沟,张家界,香港,东部华侨城,上海迪士尼
2022/9/1,21,8,2,14,13
2022/9/2,28,10,6,19,10
2022/9/3,20,14,8,7,29
2022/9/4,24,3,1,12,22
2022/9/5,10,20,2,13,7
2022/9/6,29,9,6,6,5
2022/9/7,8,9,5,16,20
2022/9/8,9,3,6,14,12
```

图 3-10
使用"记事本"程序打开的 CSV 文件

3.5.3　Excel 文件介绍

Excel 是 Microsoft Office 办公软件套装的一个重要的组成部分，可以进行数据的处理、统计分析和辅助决策操作，被广泛地应用于管理、统计财经、金融等领域。

3.5.4　Python 常用数值类型

在 Python 中表示数字的主要类型是整数、浮点数等。

1. 整数

整数用 int 表示，能够存储的数值范围，取决于平台是 32 位还是 64 位。Python 会自动将大整数转换为 long 类型的数据，理论上可以存储任意大小的整数。

2. 浮点数

浮点数用 float 表示。在 Python 中，浮点数保存为双精度值（64 位）。可以用科学计数法表示，即 AeB，其中 B 是整数，如 3.2e3。

两个整数相除，如果有余数，则结果会自动转换为浮点数。

3. 复数

在 Python 中，复数的虚部用 j 表示。因此，一个复数可以表示为 $a+bj$。

3.5.5　字符串类型

视频 26
python 中的字符串

Python 具有强大的字符串处理能力，这也是 Python 语言受欢迎的原因之一。

3.5 知识储备

1. 创建字符串

字符串由一系列字符组成。

可以使用成对出现的单引号或成对出现的双引号创建字符串。

在字符串中，可以使用转义字符添加特殊字符，如使用"\n"添加一个换行符，实现字符串换行的功能；使用"\t"添加一个制表符，实现添加多个空格的功能。

还可以使用成对出现的 3 个单引号或 3 个双引号创建字符串，这种方式创建的字符串，如果需要跨行，可以直接换行，而无须使用转义符"\n"。

在下面的程序中，通过双引号创建 1 个字符串对象 aStr，通过单引号创建一个字符串对象 bStr，通过双引号创建 1 个字符串对象 cStr，并使用转义符"\n"实现字符串 cStr 的换行，通过 3 个引号创建一个字符串对象 dStr，并通过在字符串内部添加换行，实现字符串 dStr 换行的目的。最后输出打印这 4 个字符串对象。完整的代码如下所示。

```
aStr = "通过双引号创建的字符串对象。"
bStr = '通过单引号创建的字符串对象。'
cStr = "通过双引号创建的字符串对象，\n 使用换行符\\n 实现字符串的换行。"
dStr = """通过 3 个引号创建的字符串对象，使用回车实现字符串换行。"""
print(aStr)
print(bStr)
print("\n")
print(cStr)
print("\n")
print(dStr)
```

该程序的运行结果如图 3-11 所示。

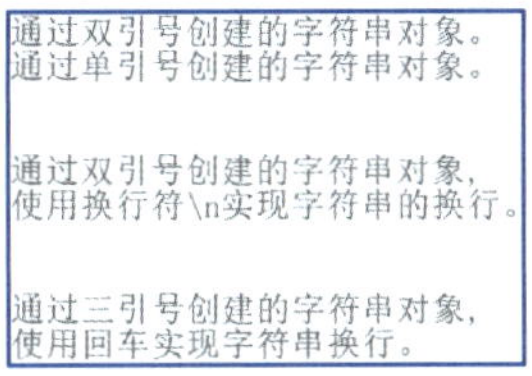

```
通过双引号创建的字符串对象。
通过单引号创建的字符串对象。

通过双引号创建的字符串对象，
使用换行符\n实现字符串的换行。

通过三引号创建的字符串对象，
使用回车实现字符串换行。
```

图 3-11
创建字符串对象

2. 字符串对象不可变

在 Python 中，字符串对象是不可变的，也就是说无法修改一个字符串对象。只能基于此字符串创建一个新的字符串对象，并修改这个新的字符串对象。

可以使用字符串对象的 replace() 方法，修改字符串中的一个或多个字符，生成一个新的字符串对象。

在下面的程序中，首先创建了一个变量 aStr，指向第 1 个字符串对象。然后重新对该变量赋值，指向第 2 个字符串对象。再创建 1 个变量 bStr，指向第 3 个字符串对象。最后将 bStr 字符串对象的值转换为大写字符。最后，使用 replace() 方法修改第 3 个字符串对象，并创建一个新的字符串对象。完整的代码如下所示。

```
aStr = "第一个字符串对象."
```

```
            print(aStr)
            aStr = "第二个字符串对象."
            print(aStr)
            bStr = "Hello world!"
            print("第三个字符串对象: ",bStr)
            print("第四个字符串对象: ",bStr.upper())
            print("第三个字符串对象的值不变: ",bStr)

            print("使用 replace 方法修改第三个字符串对象,生成一个新的字符串对象: ",bStr.replace("e", "X"))
            print("第三个字符串对象的值不变: ",bStr)
```

该程序的运行结果如图 3-12 所示。

```
第一个字符串对象.
第二个字符串对象.
第三个字符串对象:  Hello world!
第四个字符串对象:  HELLO WORLD!
第三个字符串对象的值不变:  Hello world!
使用replace方法修改第三个字符串对象,生成一个新的字符串对象:  HXllo world!
第三个字符串对象的值不变:  Hello world!
```

图 3-12
字符串对象不可变

从图 3-12 可见,对 aStr 重新赋值前后,其打印输出的字符串并不相同。但这并不是因为第 1 个字符串对象的值发生了变化,而是通过赋值,使得 aStr 指向了一个新的字符串对象。

另外,对字符串无论是使用 upper() 方法,还是 replace() 方法,都不会修改字符串本身,而是创建一个新的字符串对象,新字符串的值是这些函数的返回值。

3. 将其他对象转换为字符串对象

在 Python 中,可以将很多类型的对象转换为字符串对象,这是通过字符串对象的 str() 方法实现的。

在下面的程序中,创建了一个变量 aNum,指向浮点数对象。将该对象转换为字符串对象,并赋值给变量 aStr。打印输出这两个对象及其类型。完整的代码如下所示。

```
            aNum = 8.6
            print(aNum, "的类型是", type(aNum))
            aStr = str(aNum)
            print(aStr, "的类型是", type(aStr))
```

该程序的运行结果如图 3-13 所示。

```
8.6 的类型是 <class 'float'>
8.6 的类型是 <class 'str'>
```

图 3-13
将浮点数对象转换为字符串对象

4. 从字符串创建序列

字符串是由一串字符组成的序列,因此可以将字符串转换为序列类型,如列表和元组。如果把字符串转换为序列类型,那么可以使用序列类型的方法和属性。

在下面的示例中,创建了一个字符串 aStr,并通过 aStr 创建列表 aList,对 aList 进行排序。完整的代码如下所示。

```
aStr = "今天是星期三。"
aList = list(aStr[0:7])
print("字符串：", aStr)
print("从字符串创建的列表：", aList)
aList.sort()
print("排序后的列表：", aList)
```

该程序的运行结果如图 3-14 所示。

```
字符串：     今天是星期三。
从字符串创建的列表：['今','天','是','星','期','三','。']
排序后的列表：['。','三','今','天','星','是','期']
```

图 3-14
将字符串对象转换为序列进行处理

5．字符串中的转义符

和 C/C++等程序设计语言类似，Python 中也有一些特殊字符，如果需要在字符串中使用这些特殊字符，则需要使用 "\" 进行转义，将 "\" 称为转义符。

在字符串的第一个引号之前，加上英文字母 "r"，表示该字符串中的所有字符按照原本的含义进行解释，不需要进行转义。因此这时如果遇到字符 "\"，将会直接输出，而不再进行转义处理。

常用的转义符如表 3-3 所示。

表 3-3 常用的转义符及其功能

转义符	功　能
\n	添加换行符
\t	添加制表符
\\	添加 "\"
\a	响铃
\"	在字符串中输出双引号
\'	在字符串中输出单引号
\000	添加一个空格

在下面的示例中，创建了字符串 aStr、bStr、cStr、dStr。其中 aStr 使用了转义符 "\n" 和 "\t"，输出一个 IP 地址和端口号。bStr 使用了转义符 "\000" 输出一个空格。cStr 通过在字符串起始位置添加 "r"，使用了非转义处理。dStr 使用了转义字符 "\\"，输出文件夹路径中的字符 "\"。完整的代码如下所示。

```
aStr = "10.0.0.1\n\t8080"
bStr = "Windows\0007"
cStr = r"D:\python\lib"
dStr = "E:\\ProgramData\\Nvidia"
print("IP 地址：", aStr)
print("操作系统：", bStr)
```

项目 3 景区游客量统计

```
print("文件夹路径 1：", cStr)
print("文件夹路径 2：", dStr)
```

该程序的运行结果如图 3-15 所示。

```
IP地址： 10.0.0.1
         8080
操作系统： Windows
文件夹路径1： D:\python\lib
文件夹路径2： E:\ProgramData\Nvidia
```

图 3-15 使用转义字符

6. 字符串拼接

使用加号（+）可以实现两个字符串的拼接，其计算的返回值是一个新的字符串对象。

在下面的示例中，创建了字符串 aStr 和 bStr，将这两个字符串拼接在一起，创建一个新的字符串对象 cStr。完整的代码如下所示。

```
aStr = "《Python 数据"
bStr = "分析技术》"
cStr = aStr + bStr
print("aStr：", aStr)
print("bStr：", bStr)
print("aStr 和 bStr 拼接在一起：", cStr)
```

该程序的运行结果如图 3-16 所示。

```
aStr：   《Python数据
bStr：   分析技术》
aStr和bStr拼接在一起：   《Python数据分析技术》
```

图 3-16 字符串拼接

7. 按格式输出字符串

与 C/C++的 printf( )函数类似，Python 可以使用百分号"%"指定字符串的格式，并使用实际值代替。首先需要创建一个格式模板，这个模板包含以格式符形式存在的形参，为实际参数预留位置，并说明实参呈现的形式。实际参数可以是元组或字典，元组或字典的元素是实际参数的值。使用百分号"%"将实参传递给模板，其用法如下所示。

形参模板 % 实参元组

或

形参模板 % 实参字典

使用字典进行格式化输出，如图 3-17 所示。

```
>>> print( '%(name)s is %(age)d years old.' % {'name':'Lily', 'age':18} )
Lily is 18 years old.
```

图 3-17 使用字典进行格式化输出

在下面的示例中，首先创建了格式化样式 strFormat，然后将实参以元组的方式传递给形参，并进行输出。之后，更新格式化样式 strFormat，然后将实参以字典的方式传递给形参，并进行输出。完整的代码如下所示。

```
strFormat = "姓名：%s\n 年龄：%d 岁\n 性别：%s"
```

```
print(strFormat % ("保罗", 29, "男"))
print("\n")
strFormat = "姓名：%(姓名)s\n 年龄：%(年龄)d 岁\n 性别：%(性别)s"
aDic = {"姓名":"安娜","年龄":32,"性别":"女"}
#print(strFormat % {"姓名":"安娜","年龄":32,"性别":"女"})
print(strFormat % {"姓名":"安娜","年龄":32,"性别":"女"})
```

该程序的运行结果如图 3-18 所示。

```
姓名：保罗
年龄：29岁
性别：男

姓名：安娜
年龄：32岁
性别：女
```

图 3-18
字符串的格式化输出

3.5.6 布尔值类型

Python 有两个布尔值，分别是 True 和 False，代表逻辑"真"和逻辑"假"。比较运算符和条件表达式的返回值均为布尔值。

视频 27
python 中的布尔值类型

1. Python 对象与布尔值转换

在 Python 中，可以将对象与布尔值进行转换。如果将一个对象 A 转换为布尔值 B，使用 B=bool(A)来实现，其返回值是 True 或 False。

（1）常见的返回值是 False 的对象。

① 数值 0 或 0.0 的数值对象。

② 空字符串对象。

③ 空序列对象。

④ 空字典对象。

⑤ 实现了__nonzero__( )方法且返回值为 0 或 False。

（2）常见的返回值是 True 的对象。

① 数值为非 0 或 0.0 的数值对象。

② 非空字符串对象。

③ 非空序列对象。

④ 非空字典对象。

⑤ 实现了__nonzero__( )方法且方法返回值为非 0 值或 True。

在下面的示例中，分别创建了空字符串 aStr、非空字符串 bStr、空元组 aTuple 和非空元组 bTuple，并将这些对象分别转换为布尔值对象 aBool、bBool、cBool 和 dBool，并打印输出这些布尔值对象的值。完整的代码如下所示。

```
aStr = ""
aBool = bool( aStr )
bStr = 'Hello world!'
```

```
bBool = bool( bStr )
aTuple = ( )
cBool = bool( aTuple )
bTuple= (1,2,3)
dBool = bool( bTuple )
print('空字符串转换为布尔值对象，其值是：', aBool)
print('非空字符串转换为布尔值对象，其值是：', bBool)
print('空元组转换为布尔值对象，其值是：', cBool)
print('非空元组转换为布尔值对象，其值是：', dBool)
```

该程序的运行结果如图 3-19 所示。

```
空字符串转换为布尔值对象，其值是： False
非空字符串转换为布尔值对象，其值是： True
空元组转换为布尔值对象，其值是： False
非空元组转换为布尔值对象，其值是： True
```

图 3-19 将非布尔值对象转化为布尔值对象

2. 布尔值的逻辑运算

可以对布尔值对象进行与、或、非等逻辑运算，既可以使用关键字，又可以使用符号实现，如表 3-4 所示。

表 3-4 布尔值常用逻辑运算表

运算类型	运算表达式	A	B	计算结果
与运算	A and B 或 A & B	True	True	True
		True	False	False
		False	True	False
		False	False	False
或运算	A or B 或 A | B	True	True	True
		True	False	True
		False	True	True
		False	False	False
非运算	Not A	True		False
		False		True

在下面的示例中，用户输入当前的月份，其范围是 1~12。程序判断用户的输入是否符合取值范围，如果不符合取值范围，则提示用户重新输入。在这里，判断用户输入的合法性，是通过使用逻辑运算返回的布尔值实现的。完整的代码如下所示。

```
while True:
    currentMonth = int( input('输入当前的月份(1-12)：'))
    aBool = currentMonth >= 1
    bBool = currentMonth <= 12
    cBool = aBool & bBool
```

```
        print("aBool 的值是：", aBool)
        print("bBool 的值是：", bBool)
        print("aBool 和 bBool 的与运算的结果是：", cBool)
        if cBool:
            print('当前是 %d 月。' % currentMonth)
        else:
            print('输入的月份不符合取值范围，请重新输入。')
```

该程序的运行结果如图 3-20 所示。

```
输入当前的月份(1-12): 32
aBool的值是：  True
bBool的值是：  False
aBool 和 bBool的与运算的结果是： False
输入的月份不符合取值范围，请重新输入。
输入当前的月份(1-12): 5
aBool的值是：  True
bBool的值是：  True
aBool 和 bBool的与运算的结果是： True
当前是 5 月。
输入当前的月份(1-12):
```

图 3-20
使用布尔值作为条件表达式

3.5.7 日期和时间类型

Python 的模块 datetime 提供了日期和时间类型的对象，如 datetime、date 和 time 等。如果使用 datetime 模块，需要导入该模块，代码如下所示。

视频 28
python 中的日期和时间类型

```
import datetime
```

或

```
import datetime as dt
```

1．datetime 类型及常用方法

可以使用 datetime( )方法创建一个 datetime 类型的对象，其语法格式如下所示。

```
dt = datetime(year, month, day, hour, mininute, second)
```

其中，year、month 和 day 分别是年、月、日。hour、mininute 和 second 分别是时、分和秒。这里，year、month 和 day 3 个选项必须显式赋值。hour、mininute 和 second 可以不显式赋值，不显式赋值的项的默认值是 0。

可以使用 date( )方法可以获取 datetime 对象的日期。

可以使用 time( )方法可以获取 datetime 对象的时间。

在下面的示例中，首先创建一个 datetime 对象，显式指定年、月、日，不指定时、分、秒，将该对象赋值给变量 dt。使用 datetime 对象内置的方法和属性，打印输出相关信息。之后创建另一个 datetime 对象，显式指定年、月、日、时、分、秒，并将该对象赋值给变量 dt。使用 datetime 对象内置的方法和属性，输出打印相关信息。完整的代码如下所示。

```
from datetime import datetime
```

项目 3　景区游客量统计

```
           dt = datetime(2018, 10, 1)
           print("创建的日期和时间是：", dt )
           print("创建的日期是：", dt.date( ) )
           print("创建的时间是：", dt.time( ) )
           print("创建的年是：", dt.year )
           print("创建的月是：", dt.month )
           print("创建的日是：", dt.day )
           print("创建的时钟是：", dt.hour )
           print("创建的分钟是：", dt.minute )
           print("创建的秒钟是：", dt.second )

           print("\n")

           dt = datetime(2018, 10, 1, 18,50, 5)
           print("创建的日期和时间是：", dt )
           print("创建的日期是：", dt.date( ) )
           print("创建的时间是：", dt.time( ) )
           print("创建的年是：", dt.year )
           print("创建的月是：", dt.month )
           print("创建的日是：", dt.day )
           print("创建的时钟是：", dt.hour )
           print("创建的分钟是：", dt.minute )
           print("创建的秒钟是：", dt.second )
```

该程序的运行结果如图 3-21 所示。

```
创建的日期和时间是：  2023-10-01 00:00:00
创建的日期是：  2023-10-01
创建的时间是：  00:00:00
创建的年是：  2023
创建的月是：  10
创建的日是：  1
创建的时钟是：  0
创建的分钟是：  0
创建的秒钟是：  0

创建的日期和时间是：  2023-10-01 18:50:05
创建的日期是：  2023-10-01
创建的时间是：  18:50:05
创建的年是：  2023
创建的月是：  10
创建的日是：  1
创建的时钟是：  18
创建的分钟是：  50
创建的秒钟是：  5
```

图 3-21
创建并使用 datetime 对象

2．datetime 的格式化输出

可以使用 strftime( )方法将 datetime 对象格式化为字符串，也可以将格式输入的字符串转换为 datatime 对象。该方法的参数指明了输出的字符串格式。需要注意的是，strftime( ) 的参数区分大小写。

在下面的示例中，首先创建一个 datetime 对象，显式指定年、月、日、时、分、秒，

将该对象赋值给变量 aDt。使用 strftime( )方法将 aDt 的值按照指定的格式输出,其中日期以符号 "/" 分隔,时间以符号 ":" 分隔。然后创建字符串对象 bStr 和 cStr,分别使用 strftime( )方法,按照字符串的格式,将该字符串转换为 datetime 对象。这里 cStr 的格式较为复杂。完整的代码如下所示。

```
import datetime as dt

aDt = dt.datetime(2018, 10, 1, 20, 3, 50)
print('当前日期是: ', aDt.date( ))
print('当前时间是: ', aDt.time( ))
aStr = aDt.strftime('%Y/%m/%d, %H:%M ')
print( "当前日期和时间格式化后的值是: ", aStr)
if isinstance( aStr, str ) == True:
    print("aStr 指向字符串对象。")


print("\n")


bStr = '03282017'
bDt = dt.datetime.strptime(bStr, '%m%d%Y')
print('输入字符串是: ',   bStr )
print('格式化后,日期是: ', bDt.date( ) )
print('格式化后,时间是: ', bDt.time( ) )


print("\n")


cStr = '2017/03/28,21/12:38'
cDt = dt.datetime.strptime(cStr, '%Y/%m/%d,%H/%M:%S')
print('输入字符串是: ',   cStr )
print('当前日期是: ', cDt.date( ) )
print('当前时间是: ', cDt.time( ) )
```

该程序的运行结果如图 3-22 所示。

```
当前日期是:   2023-10-01
当前时间是:   20:03:50
当前日期和时间格式化后的值是:  2023/10/01, 20:03
aStr指向字符串对象。

输入字符串是:  10282023
格式化后,日期是:  2023-10-28
格式化后,时间是:  00:00:00

输入字符串是:  2023/10/28,21/12:38
当前日期是:  2023-10-28
当前时间是:  21:12:38
```

图 3-22 格式化输出 datetime 对象

3. 对 datetime 对象进行算术运算

可以将两个 datetime 对象相减，输出一个 timedelta 对象。

可以将 datetime 对象和 timedelta 对象相加，其结果是 datetime 对象。如果要使用 timedelta 扩展包，需要使用 import 关键词从 datetime 模块中引入 timedelta，代码如下所示。

```
from datetime import timedelta
```

在下面的示例中，创建了两个 datetime 对象 aDt 和 bDt，将其相减的结果赋值给 aDelta，打印输出 aDelta 的值和类型。之后，创建一个 timedelta 对象 bDelta，其参数是 days = 3。将该对象与 bDt 相加，求解出新的 datetime 对象 cDt。完整的代码如下所示。

```
from datetime import datetime
from datetime import timedelta

aDt = datetime(2018, 10, 1)
bDt = datetime(2018, 10, 5)
aDelta = bDt - aDt
bDelta = timedelta(days = 3)
cDt = bDt + bDelta
print('aDt 的日期是：', aDt)
print('bDt 的日期是：', bDt)
print('aDt 和 bDt 的间隔天数是：', aDelta)
print('aDelta 的类型是：', type(aDelta))
print('bDt 之后三天是：', cDt)
```

该程序的运行结果如图 3-23 所示。

```
aDt的日期是： 2023-10-01 00:00:00
bDt的日期是： 2023-10-05 00:00:00
aDt和bDt的间隔天数是： 4 days, 0:00:00
aDelta的类型是： <class 'datetime.timedelta'>
bDt之后三天是： 2023-10-08 00:00:00
```

图 3-23 使用 timedelta 对象

视频 29
python 中的元组对象

3.5.8 元组

Python 中的元组（tuple）是一种序列类型。与 C/C++语言的一维数组类似，其特点是一维、长度确定、元素不可变的对象序列。

1. 创建元组

可以使用逗号创建元组，语法格式如下所示。

$$A = x1, x2, x3, \cdots, xn$$

可以使用圆括号和逗号创建元组，语法格式如下所示。

$$A = (x1, x2, x3, \cdots, xn)$$

可以创建由元组组成的元组，即元组的元素也是元组，语法格式如下所示。

$$A = (x1, x2, x3, \cdots, xn), (y1, y2, y3, \cdots, yn), \cdots$$

或者

$$A = (x1, x2, x3, \cdots, xn), (y1, y2, y3, \cdots, yn), \cdots$$

和 C/C++ 语言的数组不同，元组的元素可以是不同类型的数据。

在下面的示例中，使用逗号创建了元组对象 aTuple，使用圆括号和逗号创建了元组对象 bTuple，之后创建了元素是元组的元组对象 cTuple 和 dTuple。打印输出这些元组对象的值。完整的代码如下所示。

```
aTuple = 1,2,3,4,5
bTuple = (5,4,3,2,1)
cTuple = (10,9,8,7,6), (5,4,3,2,1)
dTuple = (("Hello", 3, True), (3.2, 34, 54))
print("使用逗号创建的元组对象：", aTuple)
print("使用圆括号和逗号创建的元组对象：", bTuple)
print("元素是元组的元组对象 1：", cTuple)
print("元素是元组的元组对象 2：", dTuple)
```

该程序的运行结果如图 3-24 所示。

```
使用逗号创建的元组对象： (1, 2, 3, 4, 5)
使用圆括号和逗号创建的元组对象： (5, 4, 3, 2, 1)
元素是元组的元组对象1： ((10, 9, 8, 7, 6), (5, 4, 3, 2, 1))
元素是元组的元组对象2： (('Hello', 3, True), (3.2, 34, 54))
```

图 3-24 创建元组对象

可以使用 tuple() 函数将其他序列或迭代器类型对象转换为元组对象。

在下面的示例中，创建一个列表对象 aList，创建一个字符串对象 aStr，使用 tuple() 函数分别将这两个对象转换为元组对象，打印输出结果。完整的代码如下所示。

```
aList = [1,2,3,4,5]
aStr = "Hamburg"
aTuple = tuple(aList)
bTuple = tuple(aStr)
print("列表是：", aList)
print("将该列表转换为元组：", aTuple)
print("字符串是：", aStr)
print("将该字符串转换为元组：", bTuple)
```

该程序的运行结果如图 3-25 所示。

```
列表是： [1, 2, 3, 4, 5]
将该列表转换为元组： (1, 2, 3, 4, 5)
字符串是： Hamburg
将该字符串转换为元组： ('H', 'a', 'm', 'b', 'u', 'r', 'g')
```

图 3-25 将列表和字符串对象转换为元组对象

2. 操作元组元素

通过成对出现的方括号"[ ]"访问元组元素，元组第一个元素的索引是 0。

元组对象的元素是不可改变的。Python 不支持对元组元素进行赋值，改变元组元素是非法操作。

虽然不可修改元组元素的值，却可以为元组追加元素，如果元祖的元素是列表，那么可以通过使用 append( )函数为该列表元素追加元素，从而达到修改元祖的目的。

在下面的示例中，创建一个元祖对象 aTuple，该元祖的第 4 个元素是一个列表对象。使用 append( )函数为该列表追加一个元素，从而修改了列表对象的值，也修改了元祖对象 aTuple。打印输出相关结果。完整的代码如下所示。

```
aTuple = (1,2,3,[4,5])
print("aTuple 的值是：", aTuple)
print("aTuple 的第 4 个元素是：", aTuple[3])
print("为 aTuple 的列表元素追加一个值。")
aTuple[3].append(6)
print("现在 aTuple 的第 4 个元素是：", aTuple[3])
print("现在 aTuple 的值是：", aTuple)
```

该程序的运行结果如图 3-26 所示。

```
aTuple的值是： (1, 2, 3, [4, 5])
aTuple的第4个元素是： [4, 5]
为aTuple的列表元素追加一个值。
现在aTuple的第4个元素是： [4, 5, 6]
现在aTuple的值是： (1, 2, 3, [4, 5, 6])
```

图 3-26
操作元组对象

3．元组的常用运算

使用相加运算符"+"拼接多个元组，即可以对 n 个元素的元组 A 和 m 个元素的元组 B 进行相加运算，得到 $n+m$ 个元素的元组 C，即 C=A+B。

可以将元组 A 与整数 n 相乘，得到结果 B，即 B=n*A，其结算结果是将 n 个 A 拼接，创建一个新的元祖对象并赋值给变量 B。即 B = n * A = A + A +⋯+A。

可以使用 count( )方法统计元组中指定值出现的次数。

在下面的示例中，创建一个元祖对象 aTuple，该元祖的第 4 个元素是一个列表对象。使用 append( )函数为该列表追加一个元素，从而修改了列表对象的值，也修改了元祖对象 aTuple。输出打印相关结果。完整的代码如下所示。

```
aTuple = (1,2,3)
bTuple = (4,5)
cTuple= aTuple + bTuple
n = 3
dTuple = bTuple * n
print("元组 aTuple 的值是：", aTuple)
print("元组 bTuple 的值是：", bTuple)
print("将 aTuple 和 bTuple 拼接起来的元组是：", cTuple)
print("将 bTuple 和 3 相乘的结果是：", dTuple)
aNum = dTuple.count(4)
print("dTuple 中，整数 5 出现的次数是：", aNum)
```

该程序的运行结果如图 3-27 所示。

```
元组aTuple的值是：  (1, 2, 3)
元组bTuple的值是：  (4, 5)
将aTuple和bTuple拼接起来的元组是：  (1, 2, 3, 4, 5)
将bTuple和3相乘的结果是：  (4, 5, 4, 5, 4, 5)
dTuple中，整数5出现的次数是：  3
```

图 3-27
元组常用的运算

3.5.9 列表

视频 30
Python 中的列表对象

Python 中的列表（list）是一种序列类型。与元组类似，然而列表的长度是可变的，其元素也是可以修改的。

1．创建列表对象

可以使用方括号和逗号创建列表对象，语法格式如下所示。

$$A = [x1, x2, x3, \cdots, xn]$$

列表的元素可以是不同类型的数据。

可以使用 list( )函数，将其他序列或迭代器转换为列表对象。

在下面的示例中，创建一个列表对象 aList，创建一个字符串对象 aStr，使用 list( )函数将 aStr 转换为字符串对象。打印输出相关结果。完整的代码如下所示。

```
aList = [1,2,3]
aStr = "MayDay"
bList= list(aStr)
print("列表 aList 的值是：", aList)
print("字符串 aStr 是：", aStr)
print("aStr 转换得到的列表是：", bList)
```

该程序的运行结果如图 3-28 所示。

```
列表aList的值是：  [1, 2, 3]
字符串aStr是：  MayDay
aStr转换得到的列表是：  ['M', 'a', 'y', 'D', 'a', 'y']
```

图 3-28
创建列表

2．操作列表元素

通过成对出现的方括号"[ ]"访问列表元素，第一个元素的索引是 0。

可以使用等号运算符"="对列表元素重新赋值。而元组无法修改元素的值。

可以使用 append( )方法将元素添加到列表的末尾。

可以使用 insert( )方法将元素插入指定的位置，该方法具有两个参数，其中第 1 个参数是插入的新元素在列表中的索引，第 2 个参数是插入的元素的值。

可以使用 pop( )方法移除指定位置的元素，该方法具有 1 个参数，该参数是要删除的元素的索引。

可以使用 remove( )方法删除列表中等于指定值的元素。该方法从第一个元素开始查找，找到第一个符合要求的值并将其从列表中删除。

在下面的示例中，创建一个列表对象 aList，对该列表依次进行如下操作。

① 在末尾追加一个元素。

② 在第 2 个元素的位置，插入一个字符串对象。

③ 删除列表的第 2 个元素。

④ 删除列表第一个值为 99 的元素。

打印输出结果。

完整的代码如下所示。

```
aList = [1,2,3,2,1]
print("列表 aList 是：", aList)
print("其第 2 个元素是：", aList[1])
print("--- 为 aList 追加一个元素 99 ---")
aList.append(99)
print("现在列表 aList 是：", aList)
print("--- 在 aList 的第 2 个元素的位置，插入一个字符串对象 ---")
aList.insert(1,"hello")
print("现在列表 aList 是：", aList)
print("其第 2 个元素是：", aList[1])
print("--- 删除列表的第 2 个元素 ---")
aList.pop(1)
print("现在列表 aList 是：", aList)
print("其第 2 个元素是：", aList[1])
print("--- 删除 aList 的第一个值为 99 的元素 ---")
aList.remove(99)
print("现在列表 aList 是：", aList)
```

该程序的运行结果如图 3-29 所示。

```
列表aList是： [1, 2, 3, 2, 1]
其第2个元素是： 2
--- 为aList追加一个元素 99 ---
现在列表aList是： [1, 2, 3, 2, 1, 99]
--- 在aList的第2个元素的位置，插入一个字符串对象 ---
现在列表aList是： [1, 'hello', 2, 3, 2, 1, 99]
其第2个元素是： hello
--- 删除列表的第2个元素 ---
现在列表aList是： [1, 2, 3, 2, 1, 99]
其第2个元素是： 2
--- 删除aList的第一个值为 99 的元素 ---
现在列表aList是： [1, 2, 3, 2, 1]
```

图 3-29
操作列表元素

3．常用的列表操作

可以使用 in 和 not in 关键字判断列表是否含有某个值。

可以使用加法运算符 "+" 拼接多个列表。对 *n* 个元素的列表 A 和 *m* 个元素的列表 B 进行拼接，即 C = A+B，得到 *n+m* 元素的列表 C。

可以使用 sort()方法对列表元素进行排序，这将改变列表对象的值。可以通过设置 sort()的 reverse 参数等于布尔值 True，对列表进行逆序排序。以通过设置 sort()的 key 参数，更改进行排序的标准。如设置 key 的值为 len，则使用字符串的长度为标准进行排序。如果列表的元素类型不能进行比较排序，则不能使用 sort() 函数。如果定义一个包含浮点数和字符串元素的列表，使用该函数会出现错误。可以通过设置 sort()函数的 cmp 参数，使用自定义比较排序函数。

在下面的示例中，创建列表对象 aList 和 bList，判断某些值是否属于这两个列表的元素，之后将这两个列表进行拼接操作，生成一个新的列表对象 cList。按照从小到大和从大到小的顺序，分别对 cList 进行排序。创建列表对象 dList，该列表的元素是字符串，按照字符串长短，对该列表进行排序。输出打印相关结果。完整的代码如下所示。

```
aList = [4,5,6]
bList = [1,2,3]
print("aList 是：", aList)
if 5 in aList:
    print("5 是列表 aList 的元素。")
else:
    print("5 不是列表 aList 的元素。")
print("bList 是：", bList)
if 7 not in bList:
    print("7 不是列表 bList 的元素。\n")
else:
    print("7 是列表 bList 的元素。\n")
cList = aList + bList
print("aList 和 bList 拼接的结果是 cList，其值是：", cList)
cList.sort( )
print("按照从小到大顺序排序后，cList 变成了：", cList)
cList.sort(reverse = True)
print("按照从大到小顺序排序后，cList 变成了：", cList)
dList = ['i', 'will', 'be', 'back']
print("\ndList 是：", dList)
dList.sort(key=len)
print("对其按照字符串的长短排序后，dList 变成了：", dList)
```

该程序的运行结果如图 3-30 所示。

```
aList是： [4, 5, 6]
5是列表aList的元素。
bList是： [1, 2, 3]
7不是列表bList的元素。

aList和bList拼接的结果是cList，其值是： [4, 5, 6, 1, 2, 3]
按照从小到大顺序排序后，cList变成了： [1, 2, 3, 4, 5, 6]
按照从大到小顺序排序后，cList变成了： [6, 5, 4, 3, 2, 1]

dList是： ['i', 'will', 'be', 'back']
对其按照字符串的长短排序后，dList变成了： ['i', 'be', 'will', 'back']
```

图 3-30 列表操作

4. 序列类型的切片操作

和 numpy 中的数组一样，元组和序列都属于序列类型。可以通过切片操作来选取序列类型的子集。

对于序列 A，对其进行切片操作是通过如下方式实现的。

$$A[s:t:v]$$

这里，s 指定切片操作的起始元素的索引，t 指定切片操作的结束元素的索引，v 是索引的步长。如果不显式指定，则默认 v = 1。当 v 是正数，即 v > 0，则应满足 s < t。当 v 是负数，即 v < 0，则应满足 s > t。

语法格式如下。

$$B = A[s:t]$$

s 指定切片操作的起始元素的索引，t 指定切片操作的结束元素的索引，此时默认步长是 1。

可以通过切片操作为序列赋值。

可以省略切片操作中的 s 或者 t，甚至可以全部省略。省略 s，意味着切片操作从序列的第一个元素开始。省略 t，意味着切片操作到序列的最后一个元素结束。

在下面的示例中，创建列表对象 aList，通过切片操作，创建列表对象 aList、bList 和 cList。之后通过切片操作，为 aList 的第 4 个元素和第 5 个元素重新赋值。打印输出相关结果。完整的代码如下所示。

```
aList = [1,2,3,4,5,6]
bList = aList[1:5]
print("aList 是：", aList)
print("bList 是：", bList)
aList[3:5] = ("Lucy","Lily")
print("赋值后，aList 变成：", aList)
cList = aList[:2]
dList = aList[3:]
print("cList 是：", cList)
print("dList 是：", dList)
```

该程序的运行结果如图 3-31 所示。

```
aList是： [1, 2, 3, 4, 5, 6]
bList是： [2, 3, 4, 5]
赋值后，aList变成： [1, 2, 3, 'Lucy', 'Lily', 6]
cList是： [1, 2]
dList是： ['Lucy', 'Lily', 6]
```

图 3-31
列表切片操作

5. 更多切片操作

除了从序列的第一个元素开始进行切片操作，也可以从序列的最后一个元素开始进行切片操作。如果希望从最后一个元素开始进行切片操作，则需要设置 s 或 t 的值为负数。

图 3-32 给出同一序列分别使用正数和负数作为索引值的示意图。

正数索引	0	1	…	n-2	n-1
	第 1 个	第 2 个	…	第 n-1 个	第 n 个
负数索引	-n	-(n-1)	…	-2	-1

图 3-32
切片正负索引

在下面的示例中，创建列表对象 aList，使用负数作为索引的切片操作，创建列表对象 bList 和 cList。将切片操作索引的步长设置为 2，创建列表对象 dList。打印输出结果。完整的代码如下所示。

```
aList = [1,2,3,4,5,6]
bList = aList[-4:-2]
cList = aList[:-3]
dList = aList[0:6:2]
print("aList 是：", aList)
print("bList 是：", bList)
print("cList 是：", cList)
print("dList 是：", dList)
```

该程序的运行结果如图 3-33 所示。

```
aList是： [1, 2, 3, 4, 5, 6]
bList是： [3, 4]
cList是： [1, 2, 3]
dList是： [1, 3, 5]
```

图 3-33
使用负数进行列表切片操作

3.5.10 字典

字典（dict）是 Python 重要的内置数据结构，是一种大小可变的键值对集合，其中键（key）和值（value）都是 Python 的数据类型。

1. 创建字典对象

可以使用不带参数的 dict( ) 函数创建一个空字典。

可以使用大括号创建字典。如果大括号内为空，则创建的字典对象是不含任何元素的空字典。如果字典非空，则使用逗号","区分不同键值对，将键和值用冒号"："分开。

可以从序列类型创建字典。首先创建两个序列，一个序列存储键，一个序列存储值。然后使用 zip( ) 函数和 dict( ) 函数，使用这两个序列创建一个字典，即字典对象的键值对是这两个序列的元素。

字典的值可以是任何 Python 数据类型对象。字典的键必须是不可变数据类型对象，如整数、元组等。可以使用 hash( ) 函数判断某个对象是否可以用作字典的键。如果该对象不可以作为字典的键，则会出现错误提示。

在下面的示例中，创建了空字典对象 aDict 和 bDict，创建了非空字典 cDict。创建了两个列表 aList 和 bList，然后使用这两个列表创建了字典 dDict。打印输出相关结果。完整的代码如下所示。

```
aDict = dict( )
bDict = {}
cDict = {"姓名":"王小二","年龄":"18"}
print("aDict 的类型是：",type(aDict))
print("bDict 的类型是：",type(bDict))
```

视频 31
python 中的字典对象

```
                    print("cDict 的值是：",cDict)
                    aList = ["省份","城市","区县","邮编"]
                    bList = ["广东","深圳","南山",518055]
                    dDict = dict(zip(aList, bList))
                    print("dDict 的值是：",dDict)
```

该程序的运行结果如图 3-34 所示。

图 3-34
创建字典对象

```
aDict的类型是：<class 'dict'>
bDict的类型是：<class 'dict'>
cDict的值是：{'姓名'：'王小二'，'年龄'：'18'}
dDict的值是：{'省份'：'广东'，'城市'：'深圳'，'区县'：'南山'，'邮编'：518055}
```

2. 操作字典键值对

可以通过调用键来访问对应的值。

可以通过使用 update( )方法，将一个字典合并到另一个字典中。将字典 B 合并到 A 中，是通过如下方式实现的。

```
                        A.update(B)
```

可以通过使用键进行赋值，为字典添加键值对。

在下面的示例中，创建了空字典对象 aDict 和 bDict。通过设置字符串格式序列，使用 bDict 的元素值，打印输出信息。使用 update()函数，将 bDict 的元素合并到 aDict 中，打印输出信息。为 aDict 添加一个键值对，打印输出信息。完整的代码如下所示。

```
                    aDict = {"姓名":"王小二","年龄":18}
                    aList = ["省份","城市","区县","邮编", 43]
                    bList = ["广东","深圳","龙岗",518055,("大学城","蛇口")]
                    bDict = dict(zip(aList, bList))
                    print("%s 省内车牌是"粤 B"的城市是%s，%s 区的邮编是%d。\n\
                    运行在该区的 365 路公交车，起点是%s，终点是%s。" %
                        (bDict["省份"],bDict["城市"],bDict["区县"],bDict["邮编"],\
                            bDict[43][0],bDict[43][1]))
                    aDict.update(bDict)
                    print("\n%s 今年%d 岁。居住在%s 省%s 市%s 区，邮编是%d。\n\
                    运行在该区的 365 路公交车，起点是%s，终点是%s。" %
                        (aDict["姓名"],aDict["年龄"],aDict["省份"],aDict["城市"],\
                            aDict["区县"],aDict["邮编"],aDict[43][0],aDict[43][1]))
                    aDict["爱好"] = "篮球"
                    print("\n%s 今年%d 岁，爱好%s。居住在%s 省%s 市%s 区，邮编是%d。\n\
                    运行在该区的 365 路公交车，起点是%s，终点是%s。" %
                        (aDict["姓名"],aDict["年龄"],aDict["爱好"],aDict["省份"],\
                            aDict["城市"],aDict["区县"],aDict["邮编"],aDict[43][0],\
                            aDict[43][1]))
```

该程序的运行结果如图 3-35 所示。

> 广东省内车牌是"粤B"的城市是深圳，龙岗区的邮编是518055。
> 运行在该区的365路公交车，起点是大学城，终点是蛇口。
>
> 王小二今年18岁。居住在广东省深圳市龙岗区，邮编是518055。
> 运行在该区的365路公交车，起点是大学城，终点是蛇口。
>
> 王小二今年18岁，爱好篮球。居住在广东省深圳市龙岗区，邮编是518055。
> 运行在该区的365路公交车，起点是大学城，终点是蛇口。

图 3-35
操作字典键值对

3．字典常用函数

可以使用 del 关键字删除键值对，需要指明需要删除元素的键。

可以使用字典的 pop( )方法弹出键值对，该函数的参数是该字典的某个键，返回值是该键对应的值。

可以使用 in 关键字判断字典是否含有某个键。如果字典中存在该键，则返回布尔值 True，否则返回布尔值 False。

可以使用字典的 keys( )或 values( )方法，输出由字典的键或值组成的列表。

在下面的示例中，创建了字典对象 aDict，删除其键为 43 的元素，弹出其键是"省份"的元素。使用关键字 in 判断是否存在某些键，并输出对应的值。最后，生成 aDict 的键和值组成的列表，即 dList 和 eList。打印输出相关信息。完整的代码如下所示。

```python
aList = ["省份","城市", 43,"邮编"]
bList = ["广东","深圳",("大学城","蛇口"), 518055]
aDict = dict(zip(aList, bList))
print("字典 aDict 是：",aDict)
print("--- 删除键是 43 的键值对。---")
del(aDict[43])
print("现在字典 aDict 是：",aDict)
print("--- 弹出键是 \"省份\" 的键值对。---")
cList = aDict.pop("省份")
print("现在字典 aDict 是：",aDict)
print("弹出的值是:",cList)
print("其类型是:", type(cList))
if "城市" in aDict:
    print("存在键为\"城市\"的键值对，其值是：", aDict["城市"])
else:
    print("不存在键为\"城市\"的键值对")
if 43 in aDict:
    print("存在键为 43 的键值对，其值是：", aDict["城市"])
else:
    print("不存在键 43 的键值对")
```

```
dList = aDict.keys( )
eList = aDict.values( )
print("aDict 的键列表是：", dList)
print("aDict 的值列表是：", eList)
```

该程序的运行结果如图 3-36 所示。

```
字典aDict是：    {'省份'：'广东'，'城市'：'深圳', 43: ('大学城'，'蛇口')，'邮编': 518055}
--- 删除键是 43 的键值对。---
现在字典aDict是：  {'省份'：'广东'，'城市'：'深圳'，'邮编': 518055}
--- 弹出键是"省份"的键值对。---
现在字典aDict是：  {'城市'：'深圳'，'邮编': 518055}
弹出的值是：广东
其类型是：<class 'str'>
存在键为"城市"的键值对，其值是：深圳
不存在键 43 的键值对
aDict的键列表是：  dict_keys(['城市'，'邮编'])
aDict的值列表是：  dict_values(['深圳', 518055])
```

图 3-36
使用常用函数处理字典

视频 32
python 中的集合对象

3.5.11 集合

集合（set）是一个无序集合，其元素的值唯一，即集合中不存在重复的元素。可以将集合看成只有键没有值的字典。

1. 创建集合

可以使用成对出现的大括号"{ }"创建集合。

可以使用 set( )函数创建集合，此时该函数参数应该是列表或者元组等序列类型。

在下面的示例中，使用大括号创建了集合 aSet。以列表对象为参数，使用 set( )函数创建了集合 bSet。以元组对象为参数，使用 set( )函数创建了集合 cSet。打印输出相关信息。完整的代码如下所示。

```
aSet = {1,2,3,4,3,2,1}
bSet = set([43,"城市", 43,"邮编"])
cSet = set(("广东","深圳",("大学城","蛇口"),"深圳"))
print("集合 aSet 是：",aSet)
print("集合 bSet 是：",bSet)
print("集合 cSet 是：",cSet)
```

该程序的运行结果如图 3-37 所示。

```
集合aSet是：   {1, 2, 3, 4}
集合bSet是：   {'城市'，'邮编', 43}
集合cSet是：   {('大学城'，'蛇口')，'深圳'，'广东'}
```

图 3-37
创建集合对象

2. 集合的运算

可以对集合进行多种运算。

表 3-5 列出了常见的集合运算及示例。

表 3-5 常用的集合运算

运算符	使用方法	函数表示	说明	图示说明
|	A | B	A.union(B)	求解集合的并集，其结果是 A 和 B 中所有的元素	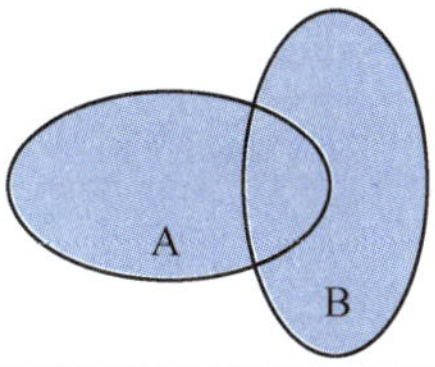
&	A & B	A.intersection(B)	求解集合的交集，其结果是 A 和 B 中均具有的元素	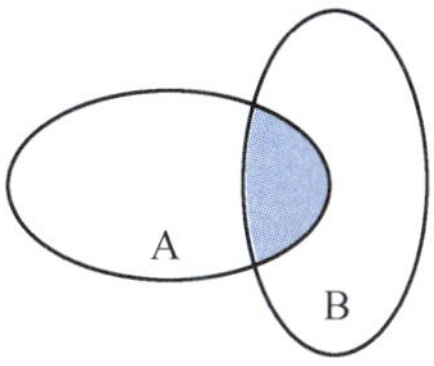
-	A - B	A.difference(B)	求解集合的差集，其结果是 A 中去掉 A & B 的元素	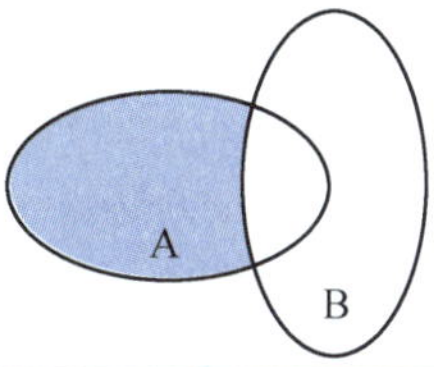
^	A ^ B	A.symmetric_difference(B)	求解集合的对称差集，其结果是从 A 和 B 的并集中去除掉 A 和 B 交集的元素	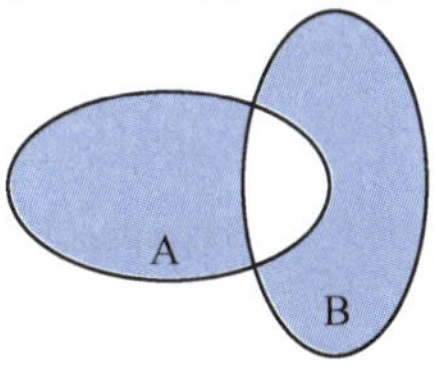

3．判断集合之间的关系

可以使用函数 issubset( )判断一个集合是否是另外一个集合的子集，该函数的参数是集合对象。

可以使用函数 issuperset( )判断一个集合是否是另外一个集合的超集，该函数的参数是集合对象。

可以使用连续两个等号"=="判断两个集合是否相等。

4．修改集合

使用 add( )方法为集合添加元素。

使用 remove( )删除集合的元素。

在下面的示例中，创建了集合 aSet、bSet 和 cSet。首先判断 aSet 是否是 bSet 的超集、cSet 是否是 aSet 的子集。然后向 aSet 添加元素，再次判断 aSet 是否是 bSet 的超集。最后删除 bSet 的元素，判断 bSet 是否是 cSet 的子集。打印输出相关信息。完整的代码如下所示。

```
aSet = {1,2,3,4,3,2,1}
bSet = {3,9,1}
cSet = {1,3,2,1}
print("集合 aSet 是:",aSet)
```

```
        print("集合 bSet 是:",bSet)
        print("集合 cSet 是:",cSet)
        if aSet.issuperset(bSet):
            print("集合 aSet 是 bSet 的超集。")
        else:
            print("集合 aSet 不是 bSet 的子集。")
        if cSet.issubset(aSet):
            print("集合 cSet 是 aSet 的子集。")
        else:
            print("集合 cSet 不是 aSet 的子集。")
        print("\n 为 aSet 添加元素 9。")
        aSet.add(9)
        print("现在集合 aSet 是:",aSet)
        print("现在集合 bSet 是:",bSet)
        if aSet.issuperset(bSet):
            print("现在集合 aSet 是 bSet 的超集。")
        else:
            print("现在集合 aSet 不是 bSet 的子集。")
        print("\n 为 bSet 删除元素 9。")
        bSet.remove(9)
        print("现在集合 bSet 是:",bSet)
        print("现在集合 cSet 是:",cSet)
        if bSet.issubset(cSet):
            print("现在集合 bSet 是 cSet 的子集。")
        else:
            print("现在集合 bSet 不是 cSet 的子集。")
```

该程序的运行结果如图 3-38 所示。

```
集合aSet是：{1, 2, 3, 4}
集合bSet是：{1, 3, 9}
集合cSet是：{1, 2, 3}
集合aSet不是bSet的子集。
集合cSet是aSet的子集。

为aSet添加元素 9。
现在集合aSet是：{1, 2, 3, 4, 9}
现在集合bSet是：{1, 3, 9}
现在集合aSet是bSet的超集。

为bSet删除元素 9。
现在集合bSet是：{1, 3}
现在集合cSet是：{1, 2, 3}
现在集合bSet是cSet的子集。
```

图 3-38
集合运算

3.6 素养提升

在本项目中，分别使用 Python、第三方包 numpy 和 pandas 设计了数据分析程序，求解游客数量，进一步为推动地方文化建设和旅游经济提供数据支持。使用不同技术，数据分析程序的代码量和程序运行速度可能不同。挖掘需求可以在学习的过程中，需要追求卓越注重代码量和运行速度。

3.7 课后练习

一、填空题

1. 两个整数相除，如果有余数，则结果会自动转换为_____。
2. 有一个字符串 aStr = "hello world"，需要将该字符串转换为大写，并复制给变量 bStr，使用的命令是_____。
3. print("Windows\0007")的输出结果是_____。
4. 执行如下代码的输出结果是_____。

> aStr = "Hello World"
> aNum = 75
> if aStr is not aNum:
>   print("aStr 和 aNum 不指向同一个对象。")
> else:
>   print("aStr 和 aNum 指向同一个对象。")

5. 两个 datetime 对象进行相减的运算，其结果是一个_____对象。
6. 列表对象 aList = [1,2,3,4,5]，需要将该列表转换为元组，并复制给变量 aTuple，使用的命令是_____。
7. _____对象中的元素是无序的，而且其元素值唯一，即在这种类型的对象中不存在重复的元素。

二、判断题

1. 元组对象不能转换为列表对象。　　　　　　　　　　　　(　　)
2. 列表对象的元素值是可变的。　　　　　　　　　　　　　(　　)
3. 对序列对象进行切片操作，切片的数值不可以是负数。　　(　　)

三、选择题

1. 执行如下代码的输出结果是(　　)。

> aStr = "hello world"
> aList = list(aStr[0:7])
> print(aList)

    A. 0,1,2,3,4,5,6
    B. 0,1,2,3,4,5,6,7
    C. 'h', 'e', 'l', 'l', 'o', ' ', 'w'
    D. 'h', 'e', 'l', 'l', 'o', ' ', 'w', 'o'

2. 关于 Python 中的布尔值，下面说法正确的是(　　)。

A. 两个值是 True 和 False

B. 两个值是 0 和 1

C. 可以对布尔值进行逻辑运算

D. aBool = bool("hell world")，则 aBool 的值是布尔值 True

3. 执行如下代码的输出结果是（   ）。

```
strFormat = "姓名：%s\t 年龄：%d 岁\t 性别：%s"
print(strFormat % ("吉祥", 29, "男"))
```

A. 姓名：吉祥　　年龄：29 岁　　性别：男

B. 姓名：吉祥 t 年龄：29 岁 t 性别：男

C. 吉祥　　29 岁　　男

D. 姓名："吉祥"　　年龄：29　　性别："男"

4. 执行如下代码的输出结果是（   ）。

```
aTuple = (1,2)
bTuple = (4,5)
cTuple= aTuple + bTuple
print(cTuple)
```

A. (1, 2, 4, 5)

B. (5, 7)

C. (1, 2), (4, 5)

D. 12

5. 执行如下代码的输出结果是（   ）。

```
aList = [1,5,3,9]
aList.sort( )
print(aList)
```

A. aList

B. [1, 3, 5, 9]

C. [9, 5, 3, 1]

D. [9531]

6. 执行如下代码的输出结果是（   ）。

```
import datetime as dt
aDt = dt.datetime(2024, 10, 1, 20, 3, 50)
aStr = aDt.strftime('%Y/%m/%d')
print( aStr )
```

A. 2024/1/10

B. 2024/10/01

C. 2024-1-10

D. 2024%10%01

四、综合题

分别使用 numpy 和 pandas 的工具，求解下述表格中每列数据的平均值、中位数和方差。

21	8	16	6	32
13	10	11	9	6
16	32	16	3	31
29	13	15	10	32
6	13	14	8	11
13	18	12	5	6
29	19	10	10	24
25	27	18	9	18
31	17	7	10	31
23	7	15	6	13
19	17	22	4	28
29	20	16	2	3
26	19	11	4	15
12	10	17	4	32
18	31	9	1	14

项目 4 股票分析

——投资有风险，入市需谨慎

学习指导

知识目标	了解一维数组、二维数组的概念
	了解数据分析常用统计量
	了解 CSV 文件的格式及特点
技能目标	熟练使用数组进行数据分析
	能够使用 numpy 常用函数计算数据统计值
	能够使用 numpy 的函数读写文件
	能够使用 Matplotlib 绘制图像

项目 4　股票分析

视频 33
任务分析

4.1　情境描述

欢喜科技有很多员工进行股票投资，小王就是其中一员，这里提醒大家投资有风险，入市需谨慎。最近小王看好我国的造船业，关注某造船企业的股票价格，希望从其最近半年的交易数据中获取相关信息。为此，小王找了小刘，希望小刘帮助他一起分析这支股票，评估投资可行性。

根据对股票市场的需求，小刘觉得使用量化投资的理论，理论上可以对小王的投资起到帮助。量化投资是指通过数量化方式及计算机程序化发出买卖指令，以获取稳定收益为目的的交易方式。其发展已有 30 多年的历史，市场规模和份额不断扩大、得到了越来越多投资者认可。量化选股就是采用数量的方法判断某个公司股票是否值得买入的行为。根据某个方法，如果该公司满足了该方法的条件，则放入股票池，如果不满足，则从股票池中剔除。量化选股的方法有很多种，总的来说，可以分为公司估值法、趋势法和资金法三大类。

小刘决定使用 numpy 作为数据分析工具，对一些关键参数进行计算，并对该股票的股价进行分析处理，计算出股票交易常用的统计值，以此作为分析评估股价的依据。

4.2　任务分析

数据文件为 CSV 格式，记录了从 1998 年 5 月 20 日到 2023 年 10 月 31 日的 5987 条股票信息，每条交易数据涵盖股票代码、交易日期、开盘价、收盘价等 14 列数据信息。使用记事本程序打开该文件，如图 4-1 所示。

```
600150,1998/5/25,7.83,8,7.7,7.9,7.83,0,0,11.6,73103,57212000,35015760000,35015760000
600150,1998/5/26,8.28,8.55,7.78,7.88,7.83,0.45,5.75,17.39,109536,90518000,37028160000,37028160000
600150,1998/5/27,8.12,8.38,7.98,8.3,8.28,-0.16,-1.93,8.43,53096,43346000,36312640000,36312640000
600150,1998/5/28,7.97,8.17,7.89,8.12,8.12,-0.15,-1.85,7.82,49236,39316000,35641840000,35641840000
600150,1998/5/29,8.04,8.19,7.96,8.01,7.97,0.07,0.88,6.18,38937,31296000,35954880000,35954880000
600150,1998/6/1,7.9,8.14,7.86,8.12,8.04,-0.14,-1.74,6.61,41652,33085000,35328800000,35328800000
600150,1998/6/2,7.9,7.98,7.77,7.9,7.9,0,0,3.58,22578,17701000,35328800000,35328800000
600150,1998/6/3,8.08,8.2,7.9,7.96,7.9,0.18,2.28,3.7,23312,18745000,36133760000,36133760000
600150,1998/6/4,8.45,8.5,7.93,8.11,8.08,0.37,4.58,7.58,47761,39097000,37788400000,37788400000
600150,1998/6/5,8.16,8.4,8.06,8.4,8.45,-0.29,-3.43,6.46,40727,33487000,36491520000,36491520000
600150,1998/6/8,8.28,8.49,8.05,8.21,8.16,0.12,1.47,6.37,40116,33407000,37028160000,37028160000
```

图 4-1
使用记事本程序打开数据文件

从图 4-1 可见，该 CSV 格式文件的不同数据是用逗号","分隔的。

使用 Excel 打开该文件，部分数据如图 4-2 所示。

600150	2003/1/15	9.59	10.07	9.38	9.47	9.41	0.18	1.91	4.82	37133	32659364	42886480000	42886480000
600150	2003/1/16	9.68	9.68	9.49	9.52	9.59	0.09	0.94	1.51	11657	10177168	43289960000	43289960000
600150	2003/1/17	9.53	9.77	9.47	9.68	9.68	-0.15	-1.55	1.37	10526	9156619	42618160000	42618160000
600150	2003/1/20	9.58	9.61	9.35	9.46	9.53	0.05	0.52	0.92	7053	6059937	42841760000	42841760000
600150	2003/1/21	9.3	9.64	9.28	9.61	9.58	-0.28	-2.92	0.91	6970	5968910	41589600000	41589600000
600150	2003/1/22	9.31	9.33	9.13	9.26	9.3	0.01	0.11	0.73	5637	4723321	41634320000	41634320000
600150	2003/1/23	9.13	9.37	9.08	9.24	9.31	-0.18	-1.93	0.69	5350	4466742	40829360000	40829360000
600150	2003/1/24	9.25	9.28	9.08	9.09	9.13	0.12	1.31	0.46	3572	2980605	41366000000	41366000000
600150	2003/1/27	9.42	9.46	9.24	9.28	9.25	0.17	1.84	0.68	5272	4492465	42126240000	42126240000
600150	2003/1/28	9.44	9.47	9.31	9.45	9.42	0.02	0.21	0.42	3196	2731877	42215680000	42215680000
600150	2003/1/29	9.41	9.52	9.35	9.44	9.44	-0.03	-0.32	0.61	4689	4023953	42081520000	42081520000
600150	2003/2/10	9.21	9.43	9.2	9.43	9.41	-0.2	-2.13	0.27	2077	1749508	41187120000	41187120000
600150	2003/2/11	9.33	9.34	9.15	9.26	9.21	0.12	1.3	0.29	2207	1853632	41723760000	41723760000
600150	2003/2/12	9.5	9.52	9.27	9.33	9.33	0.17	1.82	0.81	6245	5371125	42484000000	42484000000

图 4-2
使用 Excel 打开数据文件

数据表各列的含义如下

96

第 1 列：股票代码。
第 2 列：交易日期。
第 3 列：收盘价。
第 4 列：最高价。
第 5 列：最低价。
第 6 列：开盘价。
第 7 列：前收盘。
第 8 列：涨跌额。
第 9 列：涨跌幅。
第 10 列：换手率。
第 11 列：成交量。
第 12 列：成交金额。
第 13 列：总市值。
第 14 列：流通市值。

4.3 任务实施

视频 34
计算收盘价常用统计量

4.3.1 计算收盘价常用统计量

股票交易者通常对收盘价进行预测。这个价格通常接近某种均值，收盘价的平均值和加权平均值都是寻找中心点的参数。

本小节使用 numpy 的函数求解收盘价的均值、中位数、方差等常用统计量。

Step 1：加载 numpy 包
代码如下所示。

```
import numpy as np
```

Step 2：读取数据
从 CSV 文件读入收盘价，即数据表的第 3 列，存储在变量 closing_price 中。代码如下所示，打印输出 closing_price 的类型和值，代码如下所示。

```
closing_price = \
            np.loadtxt("stock.csv",\
                    encoding="UTF-8",\
                    delimiter=",",\
                    usecols=(2))
print("closing_price 的类型是：",type(closing_price))
print("closing_price 的维数是：",closing_price.shape)
print("closing_price 元素个数是：",closing_price.size)
print(closing_price)
```

loadtxt( )函数的 encoding 参数指定读取数据文件的编码为"UTF-8"，usercols 参数表明读取该文件的第 3 列。

运行程序,输出结果如图 4-3 所示。

```
closing_price的类型是: <class 'numpy.ndarray'>
closing_price的维数是: (5987,)
closing_price元素个数是: 5987
[ 7.65  8.18  7.83 ... 65.09 65.59 64.29]
```

图 4-3
读取数据文件第 3 列

可见,变量 closing_price 指向 numpy 的一个 ndarray 对象,其维数是 5987×1,共有 5987 个元素。

Step 3:计算常用统计参数

对于股票收盘价的分析,通常需要求解收盘价的平均值、中位数和方差。

可以使用 numpy 的 mean( )函数求解数组的平均值。

可以使用 numpy 的 median( )函数求解数组的中位数。可以使用 numpy 的 where( )函数查找该中位数在数组中的位置。

可以使用 numpy 的 var( )函数计算数组的方差。方差体现了变量变化的程度,在本例中,理论上可以在一定程度上体现投资该股票风险的大小。

如下代码求解了 closing_price 的平均值 avg,中位数 med 和方差 variance,找到中位数元素所在位置的索引,并输出显示计算结果,代码如下所示。

```
avg = np.mean(closing_price)
print("收盘价的平均值是:%.2f" % avg)
med = np.median(closing_price)
print("收盘价的中位数是%.2f" % med)
med_index = np.where( closing_price==\
                      np.median(closing_price) )
for each_index in med_index:
    print("收盘价中位数的索引是",each_index)
variance =np.var(closing_price)
print("收盘价的方差是:%.2f" % variance)
```

运行该程序,输出结果如图 4-4 所示。

```
收盘价的平均值是:50.68
收盘价的中位数是49.73
收盘价中位数的索引是 [3559 4632]
收盘价的方差是:1973.00
```

图 4-4
收盘价的常用统计量

可见,该数组的平均值与中位数为不同。收盘价的中位数出现在数组索引为 3559 和 4632 的位置,即该数组的第 3560 和 4633 个元素。

Step 4:代码整合

这部分功能的完整代码如下所示。

```
import numpy as np

closing_price = \
    np.loadtxt("stock.csv",\
                encoding="utf-8",\
                delimiter=",",\
```

```
                    usecols=(2))
print("closing_price 的类型是：",type(closing_price))
print("closing_price 的维数是：",closing_price.shape)
print("closing_price 元素个数是：",closing_price.size)
print(closing_price)

avg = np.mean(closing_price)
print("收盘价的平均值是：%.2f" % avg)
med = np.median(closing_price)
print("收盘价的中位数是%.2f" % med)
med_index = np.where( closing_price==\
                    np.median(closing_price) )
for each_index in med_index:
    print("收盘价中位数的索引是",each_index)
variance =np.var(closing_price)
print("收盘价的方差是：%.2f" % variance)
```

4.3.2 计算股价最高值和最低值

本节使用 numpy 的函数求解股价的最高值和最低值。在数据表中有两列数据，分别存储交易日的最高价和最低价。显然，股价最高值是最高价数组中的最大值，股价最低值是最低价数组中的最小值。

视频 35
计算股价最高值和最低值

Step 1：从 **numpy** 包中引入成员

这里，明确指明从 numpy 扩展包中引入的成员，包括 loadtxt( )函数、max( )函数、min( )函数和 ptp ( )函数，代码如下所示。

```
from numpy import loadtxt
from numpy import max
from numpy import min
from numpy import ptp
```

Step 2：读取数据

从 CSV 文件读入最高价和最低价，即数据表的第 4 列和第 5 列，存储在变量 high_price 和 low_price 中。输出打印 high_price 和 low_price 对象的类型和维数，代码如下所示。

```
(high_price,
 low_price) = loadtxt("stock.csv",\
                delimiter = ",",\
                usecols=(3,4),\
                unpack=True)
print("high_price 的类型是：",type(high_price))
print("high_price 的维数是：",high_price.shape)
```

```
print("low_price 的类型是：",type(low_price))
print("low_price 的维数是：",low_price.shape)
```

loadtxt( )函数的 usercols 参数值表明从数据表中读取第 4 列和第 5 列，由于是多列读取，需要将 unpack 参数值设置为布尔值 True。

运行该程序，输出显示如图 4-5 所示。

```
high_price的类型是：   <class 'numpy.ndarray'>
high_price的维数是：   (5987,)
low_price的类型是：    <class 'numpy.ndarray'>
low_price的维数是：    (5987,)
```

图 4-5
两个数组的类型、维数及元素个数

Step 3：计算最高价和最低价

股价最高值是最高价数组 high_price 中的最大值，股价最低值是最低价数组 low_price 中的最小值。

使用 numpy 的 max( )和 min( )函数可以计算数组的最大值和最小值。这里，计算数组 high_price 的最大值，存储在变量 highest 中。计算数组 low_price 的最小值，存储在变量 lowest 中。打印输出计算结果。代码如下所示。

```
highest = max(high_price)
print("该股票的股价最高值是：",highest)
lowest = min(low_price)
print("该股票的股价最低值是：",lowest)
```

Step 4：求解中间值

计算最高价 highest 和最低价 lowest 的平均值，可以获得股价的中间值，赋值给变量 middle。打印输出计算结果，代码如下所示。

```
middle = (highest + lowest)/2
print("该股票股价的中间值是：",middle)
```

Step 5：求解价格波动范围

计算最高价和最低价的波动范围。

可以使用 numpy 的 ptp( )函数，求解数组的波动范围，即最大值和最小值的差。对于二维数组，由于存在两个方向，因此需要指定沿着哪条轴求解波动范围，这是通过设置参数 axis 的值实现的。如果 axis = 0，则沿着 y 轴；如果 axis = 1，则沿着 x 轴。

这里，通过计算数组 high_price 和 low_price 的取值范围，可以求解出该股票最高价和最低价的波动值，代码如下所示。

```
high_range = ptp(high_price)
print("该股票最高价的波动值是：",high_range)
low_range = ptp(low_price)
print("该股票最低价的波动值是：",low_range)
```

Step 6：代码整合

通过如上分解步骤，完成了本小节的功能。完整的代码如下所示。

```
from numpy import loadtxt
from numpy import max
```

4.3 任务实施

```
from numpy import min
from numpy import ptp

(high_price,
 low_price) = loadtxt("stock.csv",\
                      delimiter = ",",\
                      usecols=(3,4),\
                      unpack=True)
print("high_price 的类型是：",type(high_price))
print("high_price 的维数是：",high_price.shape)
print("high_price 的元素个数是：",high_price.size)
print("low_price 的类型是：",type(low_price))
print("low_price 的维数是：",low_price.shape)
print("low_price 的元素个数是：",low_price.size)
highest = max(high_price)
print("该股票的股价最高值是：",highest)
lowest = min(low_price)
print("该股票的股价最低值是：",lowest)
middle = (highest + lowest)/2
print("该股票股价的中间值是：",middle)
high_range = ptp(high_price)
print("该股票最高价的波动值是：",high_range)
low_range = ptp(low_price)
print("该股票最低价的波动值是：",low_range)
```

运行该程序，输出结果如图 4-6 所示。

```
high_price的类型是： <class 'numpy.ndarray'>
high_price的维数是： (5987,)
high_price的元素个数是： 5987
low_price的类型是： <class 'numpy.ndarray'>
low_price的维数是： (5987,)
low_price的元素个数是： 5987
该股票的股价最高值是： 330.57
该股票的股价最低值是： 5.52
该股票股价的中间值是： 168.045
该股票最高价的波动值是： 324.9
该股票最低价的波动值是： 301.40000000000003
```

图 4-6 求解股票最高价、最低价等统计量

可见，该股票最高价的波动值是 324.9，最低价的波动值是 301.4。

4.3.3 计算成交量加权平均价

成交量加权平均价（Volume Weighted Average Price，VMAP）是将多笔交易的价格按各自的成交量加权而算出的平均价。成交量加权平均价是一个非常重要的经济学指标，代表金融资产的"平均价格"，可作为交易定价的一种方法，亦可作为衡量机构投资者或交易商的交易表现的尺度。它是量化交易系统中常用的一个基准。

某个价格的成交量越高，该价格所占的权重就越大。成交量加权平均价就是以成交量为权重计算出来的加权平均值。若要计算某一支股票在某交易日的成交量加权平均价，

视频 36
计算股价的加权平均价

将当日成交总值除以总成交量即可。

Step 1：加载数据处理库包

代码如下所示。

```
import numpy as np
```

Step 2：读取数据

从 csv 文件读入第 3 列和第 11 列，即收盘价和成交量，存储在变量 closing_price 和 volume 中。这里每次读取一列，分两次读取，代码如下所示。

```
closing_price = np.loadtxt("stock.csv",\
                           encoding="utf-8",\
                           delimiter = ",",\
                           usecols = (2),\
                           unpack=False)
volume = np.loadtxt("stock.csv",\
                    encoding="utf-8",\
                    delimiter = ",",\
                    usecols = (11),\
                    unpack=False)
```

Step 3：计算成交量加权平均价

可以使用 numpy 的 average() 函数来计算成交量加权平均值，并输出显示，代码如下所示。

```
vwap = np.average(closing_price,weights=volume)
print("该股票的成交量加权平均值是：%.2f" % vwap )
```

numpy 的 average() 函数具有两个参数，其中第二个参数是求解平均值的权重参数。

Step 4：计算时间加权平均价

时间加权平均价（Time Weighted Average Price，TMAP）设置此参数的目的，是将交易对市场影响减小的同时提供一个较低的平均成交价格，从而达到减少交易成本的目的。

使用 numpy 的 average() 函数来计算成交量加权平均值，并输出显示，代码如下所示。

```
t = np.arange(closing_price.shape[0])
twap = np.average(closing_price,weights=t)
print("该股票的时间加权平均值是：%.2f" % twap )
```

这里，ndarry 对象的属性 shape 存储了该数组对象的维数，其类型是一个元组。因而使用 closing_price.shape[0] 可以获取该数组对象尺寸元组的第一个值，即 closing_price 的长度。

Step 5：代码整合

这部分代码如下所示。

```
import numpy as np
```

```
closing_price = np.loadtxt("stock.csv",\
                delimiter = ",",\
                usecols = (2),\
                unpack=False)
volume = np.loadtxt("stock.csv",\
                delimiter = ",",\
                usecols = (11),\
                unpack=False)

vwap = np.average(closing_price,weights=volume)
print("该股票的成交量加权平均值是：%.2f" % vwap )
t = np.arange(closing_price.shape[0])
twap = np.average(closing_price,weights=t)
print("该股票的时间加权平均值是：%.2f" % twap )
```

运行该程序，输出结果如图 4-7 所示。

```
该股票的成交量加权平均值是：77.65
该股票的时间加权平均值是：59.75
```

图 4-7
求解股价加权平均值

4.3.4 "周末效应"分析

视频 37
"周末效应"分析

周末效应也称星期效应，是指股票市场的收益率在一周之内有差异。相关学者对国外股票市场的研究结果显示，其周末效应表现为收益率在星期一为最低，星期五为最高。相关学者对我国股票市场研究后发现，上海 A 股市场的周末效应表现为星期二的收益率最低。而且，在周五收盘之前可能会出现比较大的上涨（预期好）或下跌（预期不好）。

在这里，根据收盘价格计算一周中每天的平均价格，找出一周中哪一天的平均收盘价最高，哪一天的平均收盘价最低。

首先读入日期数据，将"年、月、日"的日期转换为"星期 n"的格式，并将"星期 n"用整数表示。之后，统计出数据表日期段内每天的交易总额，并计算出平均值。

Step 1：加载数据处理扩展包

需要使用 datetime 和 numpy，使用 import 命令引入这两个扩展包，代码如下所示。

```
import numpy as np
import datetime
```

Step 2：创建日期处理函数

如图 4-2 所示，股票的交易日期在数据表中的第一列，其存储格式是"年/月/日"，例如"2017/8/23"。在本项目中，工作日是以"星期 n"格式出现的，这里 n 是整数，其范围是 1~5。也就是说，需要把格式是"年/月/日"的日期转换为格式为"星期 n"的格式。

在这里，设计 date2str( )函数，完成如上所述的日期格式转换。将通过将该函数赋值给 loadtxt( )函数的 converters 参数，将相应数据列映射到该函数。date2str( )函数的代码如下所示。

```
def date2str(nowDate):
    nowDate = str(nowDate, 'GB2312')
    return datetime.datetime.strptime(\
        nowDate,"%Y/%m/%d").date().weekday() + 1
```

可见，date2str()函数首先将"年/月/日"的字符串转换为 datatime 对象，然后使用 date()方法获取该对象中的日期信息，最后使用 weekday()方法，获取当前日期对应星期 n。weekday()方法的返回值：星期一对应 0，星期二对应 1，所以需要给返回值加 1。表 4-1 给出了一些日期与 data2str()函数的返回值的对应关系。

表 4-1　日期与 data2Str()函数返回值

输入日期	对应星期 n	data2str()的返回值
2017/9/15	星期五	5
2017/9/14	星期四	4
2017/9/13	星期三	3
2017/9/12	星期二	2
2017/9/11	星期一	1

Step 3：读取日期和收盘价

从数据文件中读取交易日期和当日收盘价，并输出显示相关信息，代码如下所示。

```
days, closing_price = np.loadtxt('stock.csv',\
                        delimiter = ',',\
                        usecols = (1,2),\
                        converters = {1:date2str},\
                        unpack=True)
for i in range(days.size):
    print("发生交易的天数是星期%d,当天收盘价是%f" \
        % (days[i], closing_price[i]))
```

可见，从文件中读取了第 2 和第 3 列。设置 converters 参数，对第 2 列的日期数据使用 date2str()函数进行处理。由于读取多列数据，所以设置 unpack 参数值为 True。

运行程序，输出结果如图 4-8 所示。

```
发生交易的天数是星期1,当天收盘价是64.900000
发生交易的天数是星期2,当天收盘价是64.610000
发生交易的天数是星期3,当天收盘价是64.770000
发生交易的天数是星期4,当天收盘价是63.900000
发生交易的天数是星期5,当天收盘价是64.770000
发生交易的天数是星期1,当天收盘价是65.270000
发生交易的天数是星期2,当天收盘价是65.020000
发生交易的天数是星期3,当天收盘价是64.650000
发生交易的天数是星期4,当天收盘价是64.260000
发生交易的天数是星期5,当天收盘价是63.740000
发生交易的天数是星期1,当天收盘价是64.260000
发生交易的天数是星期2,当天收盘价是65.060000
发生交易的天数是星期3,当天收盘价是65.020000
发生交易的天数是星期4,当天收盘价是64.610000
发生交易的天数是星期5,当天收盘价是64.220000
```

图 4-8　发生交易的日期和当天收盘价

可见，仅在星期 1～星期 5 且为开盘日的情况下存在收盘价，表明股票交易仅发生在开盘日，也就是交易日。

Step 4：计算每个交易日的平均收盘价

定义包含 5 个元素的数组 price_avg，用来存储每周 5 个交易日（通常情况下）的平均收盘价，最后输出每天的收盘价，代码如下所示。

```
price_avg = np.zeros(5)
for i in range(1,6):
    index = np.where( days == i )
    price = np.take(closing_price,index)
    avg = np.mean(price)
    price_avg[i-1] = avg
    print('星期', i, '的平均收盘价是：', price_avg[i-1])
```

可以使用 numpy 的 where( )函数获取对象在数组中的索引，可以使用 numpy 的 take( )函数从数组中取出指定索引的元素。在这里，首先使用 where( )函数获取某天在 days 数组中的索引，之后用 take( )函数获取该交易日的收盘价，然后求出收盘价的平均值，存储在数组 price_avg 中。最后使用 print( )函数输出结果。

运行该程序，输出结果如图 4-9 所示。

```
星期 1 的平均收盘价是： 50.581321398124466
星期 2 的平均收盘价是： 50.94738154613466
星期 3 的平均收盘价是： 50.81818631492168
星期 4 的平均收盘价是： 50.622705394190874
星期 5 的平均收盘价是： 50.41970662196144
```

图 4-9
各交易日的收盘价

可见，这支股票的最高平均收盘价出现在该周第 2 个交易日，即星期二。可见数据有时并不能完全准确地预测，所以再次提醒，投资有风险，入市需谨慎。

4.4 知识储备

4.4.1 numpy 简介

作为一门越来越流行的语言，Python 非常灵活易用，但 Python 本身并非设计用于科学计算，导致其在开发效率和执行效率上均不适合直接用于数据分析。numpy 的出现为数据分析中常用的数组操作提供了便利，同 pandas、SciPy、Matplotlib、SciKits 等众多 Python 科学计算库结合，构建了一个完整的科学计算生态系统。

numpy 几乎是一个无法回避的 Python 科学计算工具包，最常用的是其 N 维数组对象，还有一些成熟的函数库，用于整合 C/C++和 FORTRAN 代码的工具包、线性代数、傅里叶变换和随机数生成函数等。

numpy 提供了两种基本的对象：ndarray（N-dimensional array object）和 ufunc（universal function object）。ndarray 是存储单一数据类型的多维数组，ufunc 则是能够对数组进行处理的函数。

PPT：
numpy 数组基础

4.4.2 使用 numpy 数组对象

numpy 最重要的一个特点就是其 N 维数组对象（即 ndarray），该对象是一个快速而灵活的大数据集容器。可以将该数组看作一种新的数据类型,但数组中所有元素的类型必须是一致的。

ndarray 对象由两部分组成:实际的数据和描述这些数据的元数据。大部分的数组操作仅修改元数据部分,不改变底层的实际数据。

在 Python 支持的数据类型的基础上,为了满足科学计算的需求,numpy 中添加了更多的数据类型,如 bool、int64、float32、complex64 等。同时,它也有许多特有的属性和方法。

1. 数据类型

numpy 支持的数据类型如表 4-2 所示。

表 4-2　numpy 支持的数据类型

数据类型	数据类型描述
Bool	布尔值
int8	8 位整数
int16	16 位整数
int32	32 位整数
int64	64 位整数
uint8	8 位无符号整数
uint16	16 位无符号整数
uint32	32 位无符号整数
uint64	64 位无符号整数
float	浮点数
float16	半精度浮点数
float32	单精度浮点数
float64	双精度浮点数
complex	复数
complex64	复数,用 32 位浮点数表示其实部和虚部
complex128	复数,用 64 位浮点数表示其实部和虚部

可见,大部分数据类型是以数字结尾的,这些数字即其在内存中占用的二进制位数。在 numpy 中,每一种数据类型均有对应的类型转换函数。

2. 常用属性

ndarray 对象常用的属性如表 4-3 所示。

表 4-3　numpy 数组常用的属性

属性名称	属性描述
dtype	描述数组元素的类型
shape	以 tuple 表示的数组形状

续表

属性名称	属性描述
ndim	数组的维度
size	数组中元素的个数
itemsize	数组中的元素在内存所占字节数
T	数组的转置
flat	返回一个数组的迭代器，对 flat 赋值将导致整个数组的元素被覆盖
nbytes	数组占用的存储空间

3. 常用方法

ndarray 对象常用的方法如表 4-4 所示。

表 4-4 numpy 数组常用的方法

方法名称	方法描述
reshape	返回一个给定 shape 的数组的副本
resize	返回给定 shape 的数组，原数组 shape 发生改变
flatten( )/ravel( )	返回展平数组，原数组不改变
astype(dtype)	返回指定元素类型的数组副本
fill( )	将数组元素全部设定为一个标量值
sum/Prod( )	计算所有数组元素的和/积
mean( )/var( )/std( )	返回数组元素的均值/方差/标准差
max( )/min( )/ptp( )/median( )	返回数组元素的最大值/最小值/取值范围/中位数
argmax( )/argmin( )	返回最大值/最小值的索引
sort( )	对数组进行排序，axis 指定排序的轴
view( )/copy( )	view 创建一个新的数组对象指向同一数据；copy 是深复制
tolist( )	将数组完全转为列表，注意与直接使用 list（array）的区别
compress( )	返回满足条件的元素构成的数组

4. 使用一维数组

（1）创建一维数组

可以使用 numpy 中的 arange( ) 方法创建一维数组。

该方法可以具有一个参数 n，其使用方法如下所示。

视频 38
使用 numpy 的一维数组

> A = arange(n)

使用这种方法创建的 ndarray A 是一个一维数组，该数组的最小值是 0，最大值是 $n-1$，即其取值范围是[0, $n-1$]。

该方法可以具有两个参数 n 和 m，其使用方法如下所示。

> A = arange(n, m)

使用这种方法创建的 ndarray A 是一个一维数组,该数组的最小值是 n,最大值是 $m-1$,即其取值范围是 $[n, m-1]$。

在下面的例子中,创建一个包含 5 个整形元素的一维数组 aArray,其取值范围是 0～1。创建一个包含 7 个浮点数元素的一维数组 bArray,其取值范围是 1.2～7.2。打印输出这两个数组的值、元素数据类型、维度和元素个数。代码如下所示。

```
import numpy as np

aArray = np.arange(5)
print("aArray 的值是：",aArray)
print("aArray 元素的数据类型是：",aArray.dtype)
print("aArray 的维度是：",aArray.ndim)
print("aArray 中的元素个数是：",aArray.size)

bArray = np.arange(1.2,5.4)
print("bArray 的值是：",bArray)
print("bArray 元素的数据类型是：",bArray.dtype)
print("bArray 的维度是：",bArray.ndim)
print("bArray 中的元素个数是：",bArray.size)
```

运行该程序,执行结果如图 4-10 所示。

```
aArray的值是： [0 1 2 3 4]
aArray元素的数据类型是： int32
aArray的维度是： 1
aArray中的元素个数是： 5
bArray的值是： [1.2 2.2 3.2 4.2 5.2 6.2 7.2]
bArray元素的数据类型是： float64
bArray的维度是： 1
bArray中的元素个数是： 7
```

图 4-10
创建两个一维数组

(2)选取一维数组元素

numpy 数组的下标是从 0 开始的。使用"数组名[索引]"的方式选取一维数组的元素如选取数组元素的第 n 个元素,其索引为 $n-1$。

以下示例创建 5 个元素的一维数组,并将其第 3 个值赋给变量 x。代码如下所示。

```
import numpy as np

aArray = np.arange(1,6)
print("aArray 的值是：",aArray)
x = aArray[2]
print("aArray 第 3 个元素的值是：",x)
print("aArray 第 5 个元素的值是：",aArray[4])
```

运行该程序,执行结果如图 4-11 所示。

```
aArray的值是： [1 2 3 4 5]
aArray第3个元素的值是： 3
aArray第5个元素的值是： 5
```

图 4-11
选取一维数组的元素

4.4 知识储备

（3）一维数组的切片操作

和列表的序列对象类似，可以对 numpy 的数组进行切片操作。切片操作的使用方法请参考本书项目 2 中元组和列表的切片操作。

在下面的例子中，创建了一个包含 5 个元素的一维数组 aArray。使用切片操作，指定起始和结束索引，创建新的数组 bArray。使用切片操作，指定起始索引、结束索引和步长，创建新的数组 cArray。使用切片操作，忽略起始索引，指定结束索引，创建新的数组 dArray。使用切片操作，指定起始索引为负值，忽略结束索引，创建新的数组 eArray。打印输出结果，代码如下所示。

```python
import numpy as np

aArray = np.arange(1,6)
print("aArray 的值是：",aArray)
bArray = aArray[2:4]
print("aArray 第 2、3 个元素的值是：",bArray)
cArray = aArray[0:5:2]
print("aArray 第 1、3、5 个元素的值是：",cArray)
dArray = aArray[:3]
print("aArray 前 3 个元素的值是：",dArray)
eArray = aArray[-3:]
print("aArray 后三个元素的值是：",eArray)
```

运行该程序，执行结果如图 4-12 所示。

```
aArray的值是：      [1 2 3 4 5]
aArray第3、4个元素的值是：  [3 4]
aArray第1、3、5个元素的值是： [1 3 5]
aArray前3个元素的值是：  [1 2 3]
aArray后三个元素的值是：  [3 4 5]
```

图 4-12
一维数组的切片操作

5. 使用二维数组

视频 39
使用 numpy 的二维
数组 1

（1）创建二维数组

可以使用 m 个一维数组创建一个二维数组，这些一维数组具有相同的元素个数 n，生成的二维数组的维度为 $m×n$。对于具有 n 个元素的数组 A、B、…、M，可以通过如下操作创建一个二维数组对象 X。

```python
X = numpy.array([A, B, ----, M])
```

在下面的示例中，创建了一个包含 5 个元素的一维数组 aArray 和 bArray，基于这两个数组，创建一个二维数组对象 cArray，其尺寸是 2×5。打印输出 cArray 的值、数组维度、数组元素个数等相关信息。代码如下所示。

```python
import numpy as np

aArray = np.arange(1,6)
bArray = np.arange(3,8)
```

```
cArray = np.array([aArray, bArray])
print("cArray 的类型是：\n",type(cArray))
print("cArray 的值是：\n",cArray)
print("cArray 元素的数据类型是：",cArray.dtype)
print("cArray 的维度是：",cArray.ndim)
print("cArray 的形状是：",cArray.shape)
print("cArray 中的元素个数是：",cArray.size)
```

运行该程序，输出结果如图 4-13 所示。

```
cArray的类型是：
<class 'numpy.ndarray'>
cArray的值是：
[[1 2 3 4 5]
 [3 4 5 6 7]]
cArray元素的数据类型是：  int32
cArray的维度是：  2
cArray的形状是：  (2, 5)
cArray中的元素个数是：  10
```

图 4-13
创建二维数组

（2）选取二维数组元素

选取二维数组元素的方式如下所示。

```
X[a, b]
```

视频 40
使用 numpy 的二维数组 2

在这里，a 是二维数组 X 的行索引，b 是二维数组 X 的列索引。a 和 b 既可以是整数，也可以是切片操作。

和一维数组相似，二维数组的索引从 0 开始，即二维数组的第一行或第一列的索引值是 0。

在下面的示例中，创建一个二维数组 aArray，输出 aArray 的对象类型、值、元素类型、维度、形状和元素个数。之后，通过指定行索引和列索引的方式将 aArray 第 3 行的第 5 个元素值赋值给 aNum。对列索引使用切片操作，将 aArray 数组第 2 行的第 2～4 个元素赋值给一维数组 bArray。对行索引使用":"进行切片操作，对列索引指明起始索引值进行切片操作，使用 aArray 数组第 3～5 列的元素创建一个新的二维数组对 cArray，其尺寸是 4×3。对行索引和列索引分别进行切片操作，使用 aArray 第 1～3 行的第 2～3 个元素创建一个新的二维数组对 cArray，其尺寸是 3×2。完整的程序如下所示。

```
import numpy as np

aArray = np.array([np.arange(0,6),np.arange(3,9),\
                   np.arange(10,4,-1), np.arange(11,17)])
print("aArray 的类型是：",type(aArray))
print("aArray 的值是：\n",aArray)
print("aArray 元素的数据类型是：",aArray.dtype)
print("aArray 的维度是：",aArray.ndim)
print("aArray 的形状是：%d×%d：" %\
      (aArray.shape[0], aArray.shape[1]))
```

```
print("aArray 中的元素个数是：",aArray.size)
print("\n")
aNum = aArray[2,4]
print("aArray 第 3 行的第 5 个元素是：", aNum)
bArray = aArray[1,1:4]
print("aArray 第 2 行的第 2～4 个元素是：", bArray)
cArray = aArray[:,2:5]
print("aArray 第 3～5 列的元素组成的数组是：\n", cArray)
print("该数组的形状是：%d×%d： " %\
      (cArray.shape[0], cArray.shape[1]))
dArray = aArray[0:3,1:3]
print("aArray 第 1～3 行的第 1～2 个元素组成的数组是：\n", dArray)
print("该数组的形状是：%d×%d： " %\
      (dArray.shape[0], dArray.shape[1]))
```

运行该程序，输出结果如图 4-14 所示。

```
aArray的类型是：<class 'numpy.ndarray'>
aArray的值是：
[[ 0  1  2  3  4  5]
 [ 3  4  5  6  7  8]
 [10  9  8  7  6  5]
 [11 12 13 14 15 16]]
aArray元素的数据类型是：  int32
aArray的维度是：  2
aArray的形状是：4×6：
aArray中的元素个数是：  24

aArray第3行的第5个元素是：  6
aArray第2行的第2~4个元素是：  [4 5 6]
aArray第3~5列的元素组成的数组是：
[[ 2  3  4]
 [ 5  6  7]
 [ 8  7  6]
 [13 14 15]]
该数组的形状是：4×3：
aArray第1~3行的第1~2个元素组成的数组是：
[[1 2]
 [4 5]
 [9 8]]
该数组的形状是：3×2：
```

图 4-14
二维数组的索引及切片操作

（3）改变数组形状

可以使用 reshape( ) 方法改变数组尺寸。对于数组 A，可以使用如下方法将 A 的尺寸变为 $m×n×\cdots$。

> A.reshape($m×n×\cdots$)

可以将变化后的结果赋值给新的数组 B。如下所示。

> B = A.reshape($m×n×\cdots$)

此时数组 B 的尺寸为 $m×n×\cdots$，A 的尺寸不变。改变数组 B 某个元素的值，也会改变数组 A 对应元素的值。

在下面的示例中，创建一个 2×6 一维数组 aArray，输出打印该数组的信息。使用 reshape( ) 方法修改数组 aArray 的尺寸为 2×3×3，并将新数组赋值给变量 bArray，输出打印该数组的信息。之后将 bArray[0,1,0] 的值修改为 99。最后再次打印输出数组 bArray 和 aArray 的值。完整的代码如下所示。

```python
import numpy as np

aArray = np.array([np.arange(0,6),np.arange(6,12)])
print("aArray 的值是：\n",aArray)
print("aArray 的维度是：",aArray.ndim)
print("aArray 的形状是：%d×%d" %\
      (aArray.shape[0], aArray.shape[1]))
print("\n 将 aArray 修改为 2×3×3 的数组 bArray。")
bArray = aArray.reshape(2,3,2)
print("bArray 的值是：\n",bArray)
print("bArray 的维度是：",bArray.ndim)
print("bArray 的形状是：%d×%d×%d" %\
      (bArray.shape[0], bArray.shape[1],\
       bArray.shape[2]))
print("\n 修改 bArray[0,1,0] 的值为 99。")
bArray[0,1,0] = 99
print("\n 现在 bArray 的值是：\n",bArray)
print("\n 现在 aArray 的值是：\n",aArray)
```

运行该程序，输出结果如图 4-15 所示。

```
aArray的值是：
[[ 0  1  2  3  4  5]
 [ 6  7  8  9 10 11]]
aArray的维度是： 2
aArray的形状是：2×6

将aArray修改为2×3×3的数组bArray。
bArray的值是：
[[[ 0  1]
  [ 2  3]
  [ 4  5]]

 [[ 6  7]
  [ 8  9]
  [10 11]]]
bArray的维度是： 3
bArray的形状是：2×3×2

修改bArray[0,1,0]的值为99。

现在bArray的值是：
[[[ 0  1]
  [99  3]
  [ 4  5]]

 [[ 6  7]
  [ 8  9]
  [10 11]]]

现在aArray的值是：
[[ 0  1 99  3  4  5]
 [ 6  7  8  9 10 11]]
```

图 4-15
使用 reshape() 方法修改数组的形状

从图 4-15 可见，使用 reshape() 可以修改数组的维数。在这里，把二维数组 aArray 变成了三维数组 bArray。修改 bArray 元素的值，会导致 aArray 相应元素的值也发生改变。

也可以使用 resize( )方法改变数组尺寸。resize( )方法没有返回值，因此不可以将调用该方法得到的结果赋值给其他变量。对于数组 A 可以使用如下方法将 A 的尺寸变为 $m×n×\cdots$。

> A.resize(m×n×⋯)

这里，如果变换之后的元素个数 $m×n×\cdots$，与当前 A 数组的元素个数不符，则会自动进行补 0 元素或者丢弃元素的操作。

在下面的示例中，创建了一个 2×3 的二维数组 aArray。使用 resize( )方法将数组 aArray 的尺寸修改为 3×2、4×4、2×2，打印输出每次转换后数组的信息。完整的代码如下所示。

```
import numpy as np

aArray = np.array([np.arange(0,3),np.arange(3,6)])
print("aArray 的值是：\n",aArray)
print("aArray 的维度是：",aArray.ndim)
print("aArray 的形状是：%d×%d" %\
      (aArray.shape[0], aArray.shape[1]))


print("\n 将 aArray 尺寸修改为 3×2。")
aArray.resize(3,2)
print("当前 aArray 的值是：\n",aArray)
print("当前 aArray 的维度是：",aArray.ndim)
print("当前 aArray 的形状是：%d×%d" %\
      (aArray.shape[0], aArray.shape[1]))


print("\n 将 aArray 尺寸修改为 4×4。")
aArray.resize(4,4)
print("当前 aArray 的值是：\n",aArray)
print("当前 aArray 的维度是：",aArray.ndim)
print("当前 aArray 的形状是：%d×%d" %\
      (aArray.shape[0], aArray.shape[1]))


print("\n 将 aArray 尺寸修改为 2×2。")
aArray.resize(2,2)
print("\n 当前 aArray 的值是：\n",aArray)
print("当前 aArray 的维度是：",aArray.ndim)
print("当前 aArray 的形状是：", (aArray.shape))
```

运行该程序，输出结果如图 4-16 所示。

```
aArray 的值是：
[[0 1 2]
 [3 4 5]]
aArray 的维度是： 2
aArray 的形状是：2×3

将 aArray 尺寸修改为 3×2。
当前 aArray 的值是：
[[0 1]
 [2 3]
 [4 5]]
当前 aArray 的维度是： 2
当前 aArray 的形状是： 3×2

将 aArray 尺寸修改为 4×4。
当前 aArray 的值是：
[[0 1 2 3]
 [4 5 0 0]
 [0 0 0 0]
 [0 0 0 0]]
当前 aArray 的维度是： 2
当前 aArray 的形状是： 4×4

将 aArray 尺寸修改为 2×2。
当前 aArray 的值是：
[[0 1]
 [2 3]]
当前 aArray 的维度是： 2
当前 aArray 的形状是：  (2, 2)
```

图 4-16
使用 resize() 方法修改数组的形状

（4）把多维数组降维为一维数组

把一个多维数组变为一维数组的操作也称"展平"操作。

可以使用 ndarray 数组对象的 ravel() 方法将一个数组降维为一维数组。

对于 n 维数组 A，可以使用 ravel() 方法将 A 变为一维数组并赋值给 B。方法如下所示。

```
B = A.ravel()
```

改变数组 B 某个元素的值，也会改变数组 A 对应元素的值。

在下面的示例中，创建了一个 2×6 的二维数组 aArray。使用 ravel() 方法对该数组进行降维操作，赋值给变量 bArray。之后将 bArray[3] 的值修改为 99。最后打印输出数组 bArray 和 aArray 的值。完整的代码如下所示。

```
import numpy as np

aArray = np.array([np.arange(0,6),np.arange(6,12)])

bArray = aArray.ravel()
print("aArray 的值是：\n",aArray)
print("aArray 的维度是：",aArray.ndim)
print("aArray 的形状是：",aArray.shape)
print("\nbArray 的值是：\n",bArray)
print("bArray 的维度是：",bArray.ndim)
print("bArray 的形状是：", bArray.shape)
```

```
print("\n 将 bArray[3]的值修改为 99.")
bArray[3] = 99
print("现在 bArray 的值是：\n",bArray)
print("现在 aArray 的值是：\n",aArray)
```

运行该程序，输出结果如图 4-17 所示。

```
aArray的值是：
[[ 0  1  2  3  4  5]
 [ 6  7  8  9 10 11]]
aArray的维度是： 2
aArray的形状是： (2, 6)

bArray的值是：
[ 0  1  2  3  4  5  6  7  8  9 10 11]
bArray的维度是： 1
bArray的形状是： (12,)

将bArray[3]的值修改为99.
现在bArray的值是：
[ 0  1  2 99  4  5  6  7  8  9 10 11]
现在aArray的值是：
[[ 0  1  2 99  4  5]
 [ 6  7  8  9 10 11]]
```

图 4-17
使用 ravel ()方法对数组进行降维操作

从图 4-17 可见，对 aArray 使用 ravel( )方法，其返回值是一个一维数组 bArray。修改 bArray 元素的值，会导致 aArray 相应元素的值也发生改变。

还可以使用 ndarray 数组对象的 flattern( )方法，将一个数组降维为一维数组。

对于 n 维数组 A，可以使用 flattern( )方法将 A 变为一维数组并赋值给 B。使用方法如下所示。

```
B = A. flattern ()
```

与 ravel( )方法不同，改变数组 B 某个元素的值，不会改变数组 A 对应元素的值。

在下面的示例中，创建一个 2×3×3 的三维数组 aArray。使用 flattern ( )方法对该数组进行降维操作，赋值给变量 bArray。之后将 bArray[3]的值修改为 99。最后打印输出数组 bArray 和 aArray 的值。完整的代码如下所示。

```
import numpy as np

aArray = np.array([[np.arange(0,3),np.arange(3,6),np.arange(6,9)],\[np.arange(9,12),np.arange(12,15),np.arange(15,18)]])

bArray = aArray.flatten( )
print("aArray 的值是：\n",aArray)
print("aArray 的维度是：",aArray.ndim)
print("aArray 的形状是：",aArray.shape)
print("\nbArray 的值是：\n",bArray)
print("bArray 的维度是：",bArray.ndim)
print("bArray 的形状是：", bArray.shape)

print("\n 将 bArray[3]的值修改为 99.")
bArray[3] = 99
```

```
print("现在 bArray 的值是：\n",bArray)
print("现在 aArray 的值是：\n",aArray)
```

运行该程序，输出结果如图 4-18 所示。

```
aArray的值是：
[[[ 0  1  2]
  [ 3  4  5]
  [ 6  7  8]]

 [[ 9 10 11]
  [12 13 14]
  [15 16 17]]]
aArray的维度是： 3
aArray的形状是： (2, 3, 3)

bArray的值是：
[ 0  1  2  3  4  5  6  7  8  9 10 11 12 13 14 15 16 17]
bArray的维度是： 1
bArray的形状是： (18,)

将bArray[3]的值修改为99.
现在bArray的值是：
[ 0  1  2 99  4  5  6  7  8  9 10 11 12 13 14 15 16 17]
现在aArray的值是：
[[[ 0  1  2]
  [ 3  4  5]
  [ 6  7  8]]

 [[ 9 10 11]
  [12 13 14]
  [15 16 17]]]
```

图 4-18
使用 flattern()方法对数组
进行降维操作

从图 4-18 可知，对三维数组 aArray 使用 flattern()方法，其返回值是一个一维数组 bArray。修改 bArray 元素的值，不会影响 aArray 元素的值。

（5）转置数组

可以使用 transpose()方法实现数组的转置。

对于尺寸是 $m×n$ 的数组 A 可以使用 transpose()方法将 A 变为尺寸是 $n×m$ 的数组 B。方法如下所示。

```
B = A.transpose()
```

改变数组 B 某个元素的值，会改变数组 A 对应元素的值。

在下面的示例中，创建了一个 2×4 的二维数组 aArray。使用 transpose()方法对该数组进行转置操作，其结果为一个 4×2 的二维数组，并将该结果赋值给变量 bArray。之后将 bArray[2,1]的值修改为 99。最后打印输出数组 bArray 和 aArray 的值。完整的代码如下所示。

```python
import numpy as np

aArray = np.array([np.arange(1,5),np.arange(5,9)])

bArray = aArray.transpose()
print("aArray 的值是：\n",aArray)
print("aArray 的维度是：",aArray.ndim)
print("aArray 的形状是：%d×%d： " %\
    (aArray.shape[0], aArray.shape[1]))
```

```
print("\nbArray 的值是：\n",bArray)
print("bArray 的维度是：",bArray.ndim)
print("bArray 的形状是：%d×%d： "%\
      (bArray.shape[0], bArray.shape[1]))

print("\n 将 bArray[2,1]的值修改为 99.")
bArray[2,1] = 999
print("现在 bArray 的值是：\n",bArray)
print("现在 aArray 的值是：\n",aArray)
```

运行该程序，输出结果如图 4-19 所示。

```
aArray的值是：
[[1 2 3 4]
 [5 6 7 8]]
aArray的维度是： 2
aArray的形状是：2×4:

bArray的值是：
[[1 5]
 [2 6]
 [3 7]
 [4 8]]
bArray的维度是： 2
bArray的形状是：4×2:

将bArray[2,1]的值修改为99.
现在bArray的值是：
[[  1   5]
 [  2   6]
 [  3 999]
 [  4   8]]
现在aArray的值是：
[[  1   2   3   4]
 [  5   6 999   8]]
```

图 4-19
使用 transpose()方法对数组
进行转置操作

从图 4-19 可知，对 2×4 的数组 aArray 使用 transpose()方法，其返回值是一个 4×2 的二维数组 bArray。修改 bArray 元素的值，不会影响 aArray 元素的值。

（6）将数组进行拼接

对于数组可以在水平和垂直两个方向进行拼接操作。

可以使用 hstack( )函数将两个数组在水平方向拼接。对于两个数组 A 和 B，使用如下方法对其进行水平拼接，结果为数组 C。

```
C = hstack ( (A, B))
```

可以使用 vstack( )函数将两个数组在垂直方向拼接。对于两个数组 A 和 B，使用如下方法对其进行垂直拼接，结果为数组 C。

```
C = vstack ( (A, B))
```

可以使用 concatenate( )函数将两个数组拼接。该函数的第 2 个参数 axis 指明拼接的方向，当 axis = 1 时，在水平方向进行拼接；当 axis = 0 时，在垂直方向进行拼接。对于两个数组 A 和 B，使用如下方法对其进行拼接，水平拼接的结果是 C，垂直拼接的结果是 D。可以直接给第 2 个参数赋值。

```
C = concatenate ( (A, B), axis = 1)
```

$$D = \text{concatenate}((A, B), \text{axis} = 0)$$

在下面的示例中，创建了 2×4 的数组 aArray 和 bArray。使用 hstack()函数对这两个数组进行水平拼接，得到数组 cArray。使用 vstack()函数对这两个数组进行水平拼接，得到数组 dArray。使用 concatenate()函数对这两个数组进行水平拼接和垂直拼接，得到数组 eArray 和 fArray。打印输出计算结果。完整的代码如下所示。

```python
from   numpy import array, arange, hstack, \
       vstack, concatenate

aArray = array([arange(1,3), arange(3,5)])
bArray = array([arange(5,7), arange(7,9)])
cArray = hstack((aArray, bArray))
dArray = vstack((aArray, bArray))
eArray = concatenate((aArray, bArray),axis = 1)
fArray = concatenate((aArray, bArray),axis = 0)

print("使用 hstack()函数拼接的结果：\n", cArray)
print("使用 vstack()函数拼接的结果：\n",dArray)
print("使用 concatenate()函数水平拼接的结果：\n",eArray)
print("使用 concatenate()函数垂直拼接的结果：\n",fArray)
```

运行该程序，输出结果如图 4-20 所示。

```
使用hstack()函数拼接的结果：
[[1 2 5 6]
 [3 4 7 8]]
使用vstack()函数拼接的结果：
[[1 2]
 [3 4]
 [5 6]
 [7 8]]
使用concatenate()函数水平拼接的结果：
[[1 2 5 6]
 [3 4 7 8]]
使用concatenate()函数垂直拼接的结果：
[[1 2]
 [3 4]
 [5 6]
 [7 8]]
```

图 4-20
对数组进行拼接操作

（7）将数组进行分割

可以使用 hsplit()函数将数组在水平方向上进行分隔。该函数具有两个参数，第 1 个参数是要分隔的数组，第 2 个参数是要分隔的份数。对于数组 A，使用如下方法对其进行水平分隔，返回元素为数组的列表 B。

$$B = \text{hsplit}(A, n)$$

可以使用 vsplit()函数将两个数组在垂直方向上进行分隔。该函数具有 2 个参数，第 1 个参数是要分隔的数组，第 2 个参数是要分隔的份数。对于数组 A，使用如下方法对其进行垂直分隔，结果为元素为数组的列表 B。

$$B = \text{vsplit}(A, n)$$

可以使用 split( )函数分隔数组。该函数具有 3 个参数，第 1 个参数是要分隔的数组，第 2 个参数是要分隔的份数，第 3 个参数是分隔轴 axis。当 axis = 1 时，在水平方向进行分隔；当 axis = 0 时，在垂直方向进行分隔。对于数组 A，使用如下方法将其分隔为 n 个数组，水平分隔的结果是元素为数组的列表 B，垂直分隔的结果是元素为数组的列表 C。

$$B = \text{split}(A, n, \text{axis} = 1)$$
$$C = \text{split}(A, n, \text{axis} = 0)$$

在下面的示例中，创建了 3×4 的数组 aArray。使用 hsplit( )函数将这个数组沿水平方向分隔为 2 份，得到数组列表 aList。使用 vsplit( )函数将这个数组沿垂直方向分隔为 3 份，得到数组列表 bList。使用 split( )函数将数组 aArray 在水平方向上分隔为 1 份，在垂直方向上分隔为 3 份，得到数组 cList 和 dList。使用 for 循环结构，打印输出每个数组列表的值。完整的代码如下所示。

```
import numpy as np
aArray = np.array([np.arange(1,5),\
                   np.arange(2,6),\
                   np.arange(3,7)])
aList = np.hsplit(aArray, 2)

bList = np.vsplit(aArray, 3)

cList = np.split(aArray, 1, 1)
dList = np.split(aArray, 3, 0)

print("aArray 是：\n", aArray)
print("使用 hsplit( )函数将 aArray 水平分隔为 2 份：")
for x in aList:
    print(x)
print("使用 vsplit( )函数将 aArray 垂直分隔为 3 份：")
for x in abList:
    print(x)
print("使用 split( )函数将 aArray 水平分隔为 1 份：")
for x in cList:
    print(x)
print("使用 split( )函数将 aArray 垂直分隔为 3 份：")
for x in dList:
    print(x)
```

运行该程序，输出结果如图 4-21 所示。

```
aArray是：
[[1 2 3 4]
 [2 3 4 5]
 [3 4 5 6]]
使用hsplit()函数将aArray水平分隔为2份：
[[1 2]
 [2 3]
 [3 4]]
[[3 4]
 [4 5]
 [5 6]]
使用vsplit()函数将aArray垂直分隔为3份：
[[1 2 3 4]]
[[2 3 4 5]]
[[3 4 5 6]]
使用split()函数将aArray水平分隔为1份：
[[1 2 3 4]
 [2 3 4 5]
 [3 4 5 6]]
使用split()函数将aArray垂直分隔为3份：
[[1 2 3 4]]
[[2 3 4 5]]
[[3 4 5 6]]
```

图 4-21
对数组进行分隔操作

4.4.3 使用 numpy 的函数读写文件

视频 41
使用 numpy 读写文件

1. 使用 loadtxt( )函数读取文件

使用该函数从文本文件中读取数据。其返回值是一个 ndarray 对象。

当没有缺失数据时，使用 loadtxt( )函数可以快速地读取格式简单的文本文件。没有缺失数据意味着文件的每一行数据的个数相同。

该函数的使用方法如下所示。

```
numpy.loadtxt(fname,
              dtype=<type 'float'>,
              comments='#',
              delimiter=None,
              converters=None,
              skiprows=0,
              usecols=None,
              unpack=False,
              ndmin=0)
```

表 4-5 给出了该函数的参数及其说明。

表 4-5 loadtxt( )函数的参数

参数名称	参数说明
fname	指定数据来源。可以是文件，也可以是生成器。如果文件的扩展名是 gz 或 gz2，则先解压缩该文件。如果是生成器，那么生成器应该返回 byte 格式的字符串
dtype	可选参数，指定返回数组的数据类型，默认是浮点数 float。如果 dtype 是结构数据类型，那么返回的数组是一维数组，每一行是数组的一个元素。此时，数组元素的列数应该和该结构数据类型的域的个数相同
comments	可选参数，字符串或者序列对象，默认是符号 "#"。指明注释开始的第一个或第一串字符

续表

参数名称	参数说明
delimiter	可选参数，字符串对象，默认值是空格。用来分隔不同值的符号
converters	可选参数，字典对象，默认值是 None。通过该参数指定的字典，将指定的列映射到一个函数，从而将该列的数据转变为浮点数。该参数也可用于为缺失值指定默认值
skiprows	可选参数，整数对象，默认值是 0。指明读文件时，从文件第一行开始算起需要忽略掉的行数
usecols	可选参数，整数或序列对象，默认值是 None。指明需要从文件中读取的列编号，编号 0 表示第一列。默认读取全部列
unpack	可选参数，布尔值对象，默认值是 False。如果值是 True，则会转置读取的数组，这样可以使用 x,y,z=loadtxt( )这样的方式读取文件
ndmin	可选参数，整数对象，默认值是 0，合法值是 0、1 或 2。返回数组的最低维数

在下面的示例中，使用生成器生成了一个尺寸为 3×3 的数组。该数组同一行的不同数据用空格分隔，通过使用转义符"\n"将数据分隔为多行。使用 loadtxt( )函数读取全部数据，打印输出结果。代码如下所示。

```
from io import StringIO
import numpy as np
dataGen = StringIO("0 1 2\n3 4 5\n6 7 8")
aArray = np.loadtxt(dataGen)
print("从生成器读取的数据是：\n")
print(aArray)
```

运行该程序，输出结果如图 4-22 所示。

```
从生成器读取的数据是：
[[0. 1. 2.]
 [3. 4. 5.]
 [6. 7. 8.]]
```

图 4-22 从数据生成器读取数据

在下面的示例中，使用生成器生成了一个尺寸为 3×4 的数组。该数组同一行的不同数据用逗号","分隔，通过使用转义符"\n"将数据分隔为多行。使用 loadtxt( )函数读取该数组的第 1 列和第 3 列，打印输出结果。代码如下所示。

```
from io import StringIO
import numpy as np
dataGen = StringIO("0, 1, 2, 3\n\
                    4, 5, 6, 7\n\
                    8, 9, 10, 11")
aArray, bArray = np.loadtxt(dataGen,
                    delimiter= ',',
                    usecols = (0, 2),
                    unpack = True)
```

```
print("\n 从生成器读取的第一列数据是：\n")
print(aArray)
print("\n 从生成器读取的第三列数据是：\n")
print(bArray)
```

运行该程序，输出结果如图 4-23 所示。

```
从生成器读取的第一列数据是：
[0. 4. 8.]
从生成器读取的第三列数据是：
[ 2. 6. 10.]
```

图 4-23
使用 loadtxt()函数读取多列数据

2. 使用 savetxt( )函数写文件

使用该函数可以把数组写入文本文件中。

从文本文件中读取数据。当文本文件中存在缺失数据时，对缺失的数据按照指定的方式进行处理。该函数的使用方法如下所示。

```
numpy.savetxt(fname,
              X,
              fmt='%.18e',
              delimiter=' ',
              newline='\n',
              header='',
              footer='',
              comments='# ',
              encoding=None)
```

表 4-6 给出了该函数的参数及其说明。

表 4-6 savetxt( )函数的参数

参数名称	参数说明
fname	指定数据来源。可以是文件名或者文件句柄。如果文件的扩展名是 gz，则自动压缩文件并存储为压缩的 gzip 格式
X	一维或者二维数组。要写入文件的数据
fmt	可选参数，字符串或字符串序列对象。指定数据在文件中的格式。其形式可以是：① 一个格式符，指明所有数据的格式。② 一个完整的字符串，由分隔符分隔，指明每列数据的格式。③ 一个字符串列表，每个元素指明每列数据的格式
delimiter	可选参数，字符串对象，用来分隔不同列的字符或字符串
newline	可选参数，字符串对象，用来分隔不同行的字符或字符串
header	可选参数，字符串对象，写在文件第一行的字符串
footer	可选参数，字符串对象，写在文件最后一行的字符串

续表

参数名称	参数说明
comments	可选参数，字符串对象，默认是符号"#"。添加在 footer 和 header 字符串的开始位置，将这两行作为注释
encoding	可选参数，None 或字符串对象，默认值是"latin1"。指明写入文件的编码格式，如果该参数的值不是"bytes"或"latin1"，则可能无法在 numpy 中读取该文件

在下面的示例中，使用 arange( )函数创建 3 个相同的一维数组，其起始值是 1，结束值是 5，步长是 0.5。将这 3 个数组写入文本文件"test.txt"中，写入的数据保留两位小数，不同数据使用分号";"分隔，代码如下所示。

```
import numpy as np
x = y = z = np.arange(1,5,0.5)
np.savetxt('test.txt',
           (x,y,z),
           fmt="%.2f",
           delimiter = ";")
```

运行该程序。写入的数据内容如图 4-24 所示。

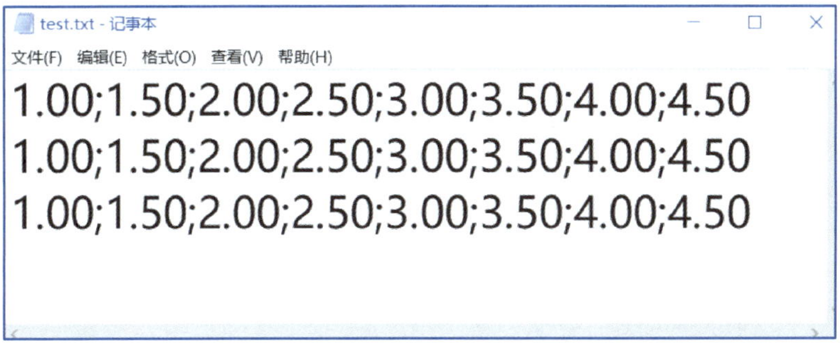

图 4-24
使用 savetxt()函数写入多个数组

可见，写入顺序是，先写入第 1 个数组，然后换行，继续写入第 2 个数组，以此类推。

3. numpy 中更多的读写文件函数

除上述常用的 loadtxt( )函数外，还有其他读文件函数，可以从不同数据源读取数据，或者读取具有不同特点的数据文件。表 4-7 列举了 numpy 包中其他读文件函数。

表 4-7 numpy 包其他的读文件函数

函数名称	函数说明
load( )	从扩展名为".npy"或者".npz"的 numpy 文件中读取数组；从 pickle 文件中读取持久化处理的 pickle 对象
fromregex( )	使用正则表达式，利用文本文件中构造数组
loadmat( )	读取 MATLAB 数据文件
genfromtxt( )	读取存在确实值得文本文件。如果文本文件没有缺失值，则使用 loadtxt( )函数读取

除上述常用的 savetxt( )函数外，还有其他写文件函数，可以从不同数据源读取数据，或者读取具有不同特点的数据文件。

表 4-8 列举了 numpy 包中其他写文件函数。

表 4-8　numpy 包其他的写文件函数

函数名称	函数说明
save( )	将数组存储在扩展名为".npy"的二进制文件中
savez( )	将多个数组存储在一个扩展名为".npz"的二进制文件中，该文件没有被压缩
savez_compressed( )	将多个数组存储在一个扩展名为".npz"的二进制文件中，该文件是一个压缩文件
memmap( )	在磁盘上创建一个数组的映射，并将该映射存储在二进制文件中

4.5　素养提升

投资有风险，入市需谨慎。

4.6　课后练习

一、填空题

1. numpy 提供的 ndarray 对象由两部分组成，_____和描述这些数据的_____。

2. 使用 A = numpy.arange(n) 创建了一维数组 A，该数组的最小值是_____，最大值是_____。

3. A、B、C 是 3 个一维数组，均具有 n 个元素个数。运行如下代码。

D = numpy.array([A, B, C])

此时，D 是一个二维数组，其尺寸（行×列）是_____。

4. 可以使用 numpy 的_____方法对数组进行转置操作。

5. 已经运行了代码 import numpy as np，现在需要将数组 A 在水平方向上分隔 3 份，使用 split( )函数实现该功能的代码是_____。将数组 A 在竖直方向上分隔 3 份，使用 split( )函数实现该功能的代码是_____。

二、判断题

1. 通过使用 reshape( )函数修改二维数组 aArray 的尺寸，并将结果赋值给数组 bArray。此时，修改 bArray 元素的值，不会修改 aArray 的值。　　　　　　　　　　　　　　（　　）

2. 通过使用 ravel( ) 函数将二维数组 aArray 展平，并将结果赋值给数组 bArray。此时，修改 bArray 元素的值，不会修改 aArray 的值。　　　　　　　　　　　　　　　（　　）

3. 通过使用 flattern( )函数将二维数组 aArray 展平，并将结果赋值给数组 bArray。此时，修改 bArray 元素的值，不会修改 aArray 的值。　　　　　　　　　　　　　　（　　）

4. 可以使用 vsplit ( )函数将数组在水平方向上进行分隔。　　　　　　　　　　（　　）

5. 可以使用 hsplit ( )函数将数组在水平方向上进行分隔。　　　　　　　　　　（　　）

三、选择题

1. 执行如下代码的输出结果是（　　）。

```
import numpy as np
aArray = np.arange(1,6)
x = aArray[2]
print(x)
```

A. 1
B. 2
C. 3
D. 4

2. 执行如下代码的输出结果是（　　）。

```
import numpy as np
aArray = np.arange(1,6)
bArray = aArray[-3:]
print(bArray)
```

A. [1 2 3]
B. [2 3 4]
C. [3 4 5]
D. [4 5 6]

四、综合题

使用 numpy 生成一个 100×5 的数组 A，要求每一列数据是随机生成的整数。求解数组 A 每一行的平均值，并将计算结果存储在 100×1 的数组 B 中。这里数组 A 第 i 行的平均值存储是数组 B 的第 i 个元素。将计算结果存储在文件"avg.csv"中，要求采用"gb2312"编码。

项目 5　井下环境监测数据处理

——多角度立体化　监控安全生产

学习指导

知识目标	了解数据缺失值、异常值的概念
	了解缺失值、异常值产生的原因
	了解插值的概念
技能目标	能够分析数据集中的缺失值和异常值
	能够开发缺失值和异常值处理程序
	能够调用插值算法

项目 5 井下环境监测数据处理

PPT：
井下环境监测的数据处理

视频 42
任务分析

5.1 情境描述

超稳安防公司是一家专业从事煤矿安全监控、预防的公司。最近该公司承接了某煤井的井下环境监控工作，需要通过采集井下温度、井下湿度以及气体的涌出量，评估、监控井下的环境及状况。

由于井下环境复杂，采集的数据中存在较为严重的噪声，而且在数据采集和传输过程中，经常会产生异常值，甚至发生无法采集数据的情况。为此，上位机需要对原始数据进行处理。

超稳安防公司将数据处理的业务交给了欢喜科技公司。

小刘经过调研与分析认为，数据表中的缺失数据、不正常的数据和噪声，是由于采集手段、设备故障、传输过程中的电磁干扰等问题引起的。可以使用插值技术对缺失值和异常值进行处理，使得数据符合规律。可以使用滤波技术对原始数据进行处理，达到平滑数据、去除噪音的目的。

5.2 任务分析

采集到的数据表由 45 行和 5 列数据组成。其中第 1 行是表的数据字段名称。"采集时间点"列的数据是采集温度数据的时间节点，"温度（?C）"列的数据是当前时间点的温度，"相对湿度"列的数据是当前时间点的相对湿度，"瓦斯(m?/min)"列的数据是当前时间点的瓦斯涌出量，"一氧化碳(m?/min)"列的数据是当前时间点的一氧化碳涌出量。该表的前 15 行数据如表 5-1 所示。

表 5-1 数据表的前 15 行数据

采集时间点	温度（?C）	相对湿度	瓦斯(m?/min)	一氧化碳(m?/min)
1	30.22	69	2.9	3.6
2	37.68		2.86	3.64
3	29.32	66		1.66
4	37.44	68	1.18	6.49
5	29.46	75	3.81	4.78
6	30.12	77	1.93	4.2
7	26.3	83	2.07	3.67
8		66	1.46	
9	34.38	62	3.36	4.39
10	30.79	75	2.4	5.79
11	25.17	69	3.34	6.28
12	20.5	80	2.95	6.22
13	37.21		999.99	4.75

续表

采集时间点	温度（?C）	相对湿度	瓦斯(m?/min)	一氧化碳(m?/min)
14	31.88	94	2.41	1.49
15	39.94	77	1.98	1.08

数据表中的"温度（?C）"应该是"温度（℃）","(m?/min)"应该是(m³/min)。在这里出现无法识别的符号"?"，应该是数据采集系统文件存储格式不支持特殊字符。

可见在该表中，存在一些缺失的数据，例如第 8 行第 2 列的数据。与此同时，表格中还存在一些异常值，例如第 13 行第 4 列的数据。进一步观察该表格可以确定，所有值为 999.99 的数据均为异常值。

从如上分析可见，如果需要使得该表格可以进行进一步的数据分析，首先需要处理其中的缺失值和异常值。

5.3 任务实施

5.3.1 井下温度缺失值和异常值处理

视频 43
从数据表中读取温度数据

Step 1：引入扩展包

需要使用 numpy 中的函数和数据类型，因此需要导入 numpy 扩展包。代码如下所示。

```
import numpy as np
```

Step 2：读取温度值并绘制温度曲线

使用 loadtxt( )函数读取数据文件的第 2 列，按照如下代码读取。

```
temperature = np.loadtxt('ug_detect.csv',\
                delimiter=',',\
                skiprows=1, \
                usecols=(1),\
                unpack = False)
```

运行代码的结果如图 5-1 所示。

```
Traceback (most recent call last):
  File "C:\Users\xuegw\Desktop\test.py", line 2, in <module>
    temperature = np.loadtxt('ug_detect.csv',\
  File "C:\Users\xuegw\AppData\Local\Programs\Python\Python312\Lib\site-packages\numpy\lib\npyio.py", line 1373, in loadtxt
    arr = _read(fname, dtype=dtype, comment=comment, delimiter=delimiter,
  File "C:\Users\xuegw\AppData\Local\Programs\Python\Python312\Lib\site-packages\numpy\lib\npyio.py", line 1016, in _read
    arr = _load_from_filelike(
ValueError: could not convert string '' to float64 at row 7, column 2.
```

图 5-1
读取文件出现类型转换错误

可见，运行该代码会出现类型转换错误，即"ValueError: could not convert string '' to float64:"。出现该问题的原因在于，numpy 数组默认存储的数据类型是浮点数，因此需要将使用 loadtxt( )函数从数据表中读取的字符串数据转换为浮点数。而该数据表中存在若干"空"字符串，Python 解释器无法直接将空数据转换为浮点数。

为此，在读取第 2 列数据的时候，需要设置 loadtxt( )函数的参数 dtype，将其设置为正确的读取类型。在这里，设置 dtype = bytes。将读出的数据存储于数组 temperature_str 中，该数组中的元素是字符串。打印输出读取结果，代码如下所示。

```
temperature_str = np.loadtxt('ug_detect.csv',\
                    dtype = bytes, \
                    delimiter=',',\
                    skiprows=1,\
                    usecols=(1),\
                    unpack = False)
print("读取出的数组是 temperature_str：\n", \
    temperature_str)
```

运行代码的结果如图 5-2 所示。

```
读取出的数组是temperature_str：
 [b'30.22' b'37.68' b'29.32' b'37.44' b'29.46' b'30.12' b'26.3' b''
 b'34.38' b'30.79' b'25.17' b'20.5' b'37.21' b'31.88' b'39.94' b'33.65'
 b'27.21' b'27.57' b'31.59' b'' b'34.88' b'29.65' b'26.05' b'33.5'
 b'34.71' b'999.99' b'37.06' b'28.57' b'28' b'25.67' b'20.59' b'39.84'
 b'29.22' b'33.19' b'38.7' b'' b'21.56' b'38.06' b'37.95' b'35.8' b'29.75'
 b'32.69' b'33.94' b'36.31' ]
```

图 5-2
以字符串形式存储的温度数据

从图 5-2 可见，数组元素的值是 "b'x" 这样的形式，这意味着该元素是字符串，字符串的前缀 "b" 表明该字符串是以 bytes 格式存储的。之后，需要将 bytes 格式存储的字符串转换为 Python 3.x 支持的格式，如 UTF-8、Unicode、GB2312 等。

创建一个长度为 len(temperature_str)的数组 temperature，用于存储转换为浮点数的结果，代码如下所示。

```
temperature = np.ndarray( len(temperature_str) )
```

使用 for 循环结构将 temperature_str 中的字符串数据，转换为浮点型数据，存储在 temperature 中。在转换过程中，首先需要判断转换的字符串是不是 "空" 字符串，即其值是否为 "b''"。代码如下所示。

```
for index in range(0, len(temperature_str)) :
    item = temperature_str[index]
    if item != b"":
        item = item.decode( 'gb2312' )
        item = float( item )
    else:
        item = None
    temperature[index] = item
```

这里，语句 item != b""用来判断 temperature_str 数组中的元素是不是空元素，即 None，在这里空元素用字符串表示是 b""。注意，这里的字符串除了两个双引号，前边还有一个字母 b，这是由于编码格式引入的。为此，之后添加语句 item = item.decode('gb2312')，其目的是去掉字符串前面的字母 b。

这部分完整的代码如下所示。

```
temperature_str = np.loadtxt('ug_detect.csv',\
                              dtype = bytes, \
                              delimiter=',',\
                              skiprows=1,\
                              usecols=(1),\
                              unpack = False)
temperature = np.ndarray( len(temperature_str) )

for index in range(0, len(temperature_str)) :
    item = temperature_str[index]
    if item != b"":
        item = item.decode( 'gb2312' )
        item = float( item )
    else:
        item = None
    temperature[index] = item

print("温度是：\n", temperature)
```

运行代码的结果如图 5-3 所示。

```
温度是：
 [ 30.22  37.68  29.32  37.44  29.46  30.12  26.3    nan  34.38  30.79
  25.17  20.5   37.21  31.88  39.94  33.65  27.21  27.57  31.59    nan
  34.88  29.65  26.05  33.5   34.71 999.99  37.06  28.57  28.     25.67
  20.59  39.84  29.22  33.19  38.7    nan  21.56  38.06  37.95  35.8
  29.75  32.69  33.94  36.31]
```

图 5-3 转换完成后的温度值

Step 3：将异常值用 **None** 对象代替

通常情况下，井下温度应该是在 50℃以下。从图 5-3 可见，从数据文件读出的数据中，第 26 个元素的值为 999.99。只有在井下发生了如爆炸、火灾等极端事件的情况下，才有可能出现如此高的温度。因而将该值作为异常值处理。可以通过如下命令查找数据表中值为 999.99 的元素的索引。

视频 44 处理温度数据中的异常值

```
numpy.where(temperature==999.99)
```

这里，对于异常值的处理，采用的方法是，将该异常值用 None 对象来代替。然后将数组中所有值为 None 的元素用数值算法计算得到的结果代替。

下面的代码将异常值用 None 代替，并打印输出结果。代码如下所示。

```
for index in range(0, len(temperature)) :
    item = temperature[index]
    if item >= 500.0:
        item = None
    temperature[index] = item

print("温度是：\n", temperature)
```

执行该代码后的数据如图 5-4 所示。

图 5-4
将异常值用 None 对象来代替

```
温度是：
[30.22 37.68 29.32 37.44 29.46 30.12 26.3   nan 34.38 30.79 25.17 20.5
 37.21 31.88 39.94 33.65 27.21 27.57 31.59   nan 34.88 29.65 26.05 33.5
 34.71   nan 37.06 28.57 28.    25.67 20.59 39.84 29.22 33.19 38.7    nan
 21.56 38.06 37.95 35.8  29.75 32.69 33.94 36.31]
```

从图 5-4 可见，数组的第 26 个元素被替换为 nan。这里，"nan"和 None 均是空对象。

Step 4：含 nan 值的数据可视化

为了能够直观地检测数据表中的缺失数据，绘制数据图。首先，引入绘图包 matplotlib.pyplot 并取别名为 plt。通过如下代码实现。

```
import matplotlib.pyplot as plt
```

然后，设置横坐标 t 的取值范围是 temperature 数组的元素个数，绘制数据点，并将相邻数据点连线。代码如下所示。

```
t = np.arange( len( temperature ))
plt.plot(t,temperature)
plt.plot(t,temperature,'pr')
plt.show()
```

运行如上代码，绘制的图像如图 5-5 所示。

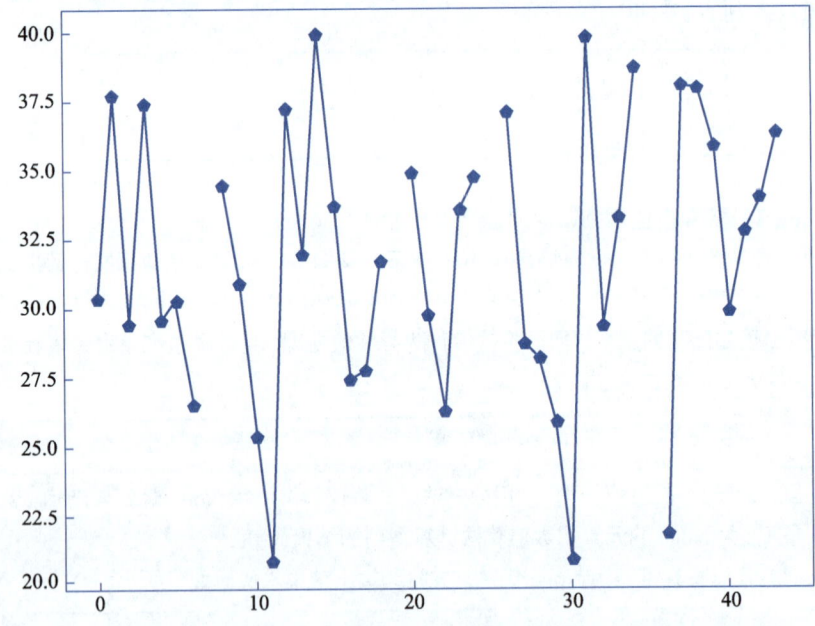

图 5-5
含有 nan 数据的数据点及数据曲线

从图 5-5 可见，数据曲线上存在中断的部分。中断的部分是由缺失值或 nan 值引起的。

Step 5：处理数据中的 nan 值

这里，对于 numpy 数组中的 nan 值，主要通过数学方法找到合理的值进行代替。这是通过插值等数值计算技术实现的。

这里，将数组中的空值用其相邻两个元素的平均值代替。

视频 45
处理温度数据中的缺失值

定义一个函数 bisec( )，该函数的参数是 numpy 数组对象。该函数遍历数组，使用 isnan( ) 方法找到其中的空元素，然后将该空元素使用其相邻元素的平均值替换。代码如下所示。

```
def bisec(dataArray):
    for index in range(0, len(dataArray)) :
        if np.isnan ( dataArray[index]):
            dataArray[index] = 0.5 * \
                            ( dataArray[index - 1] + \
                              dataArray[index + 1] )
```

最后通过调用该函数，完成对数据表中 nan 值的处理，输出处理后的数组元素值。代码如下所示。

```
bisec( temperature )
print("温度是：\n", temperature)
```

运行程序，处理后的数据如图 5-6 所示。

```
温度是：
[30.22  37.68  29.32  37.44  29.46  30.12  26.3   30.34  34.38  30.79
 25.17  20.5   37.21  31.88  39.94  33.65  27.21  27.57  31.59  33.235
 34.88  29.65  26.05  33.5   34.71  35.885 37.06  28.57  28.    25.67
 20.59  39.84  29.22  33.19  38.7   30.13  21.56  38.06  37.95  35.8
 29.75  32.69  33.94  36.31 ]
```

图 5-6
将 nan 值替换为其相邻元素的平均值

可见，处理后的数据看上去"正常"多了。另外，经过程序的处理之后，之前为异常值的第 26 个元素 temperature[25]的值，现在是 35.885。

Step 6：处理后的数据可视化

这里，绘制不含 nan 数据的数据图，便于直观观测数据特点。

设置横坐标 t 的取值是 temperature 数组的元素个数，绘制数据点，并将相邻数据点连线。代码如下所示。

```
t = np.arange( len( temperature  ))
plt.plot(t,temperature)
plt.plot(t,temperature,'pr')
plt.show( )
```

运行如上代码，绘制的图像如图 5-7 所示。

从图 5-7 可见，数据曲线连接了所有的数据点，即经过程序的处理，数组中不再存在缺失值。

Step 7：将数据写入数据文件

使用 numpy 中的 savetxt( )函数将数据保存在 CSV 文件中，代码如下所示。

视频 46
将处理后的温度数据写入数据文件

```
np.savetxt('ug_temperature.csv', \
           temperature,
           delimiter = ',', \
           fmt = '%.2f')
```

写入的文件名由第一个参数指定，即"ug_temperature.csv"，这是一个 CSV 格式的文本文件，需要写入的数据是 temperature。通过设置参数 delimiter 的值，指定相邻数据之间使用逗号","分隔。通过设置 fmt 参数，指定写入文件的数据格式为具有两位小数的浮点数。

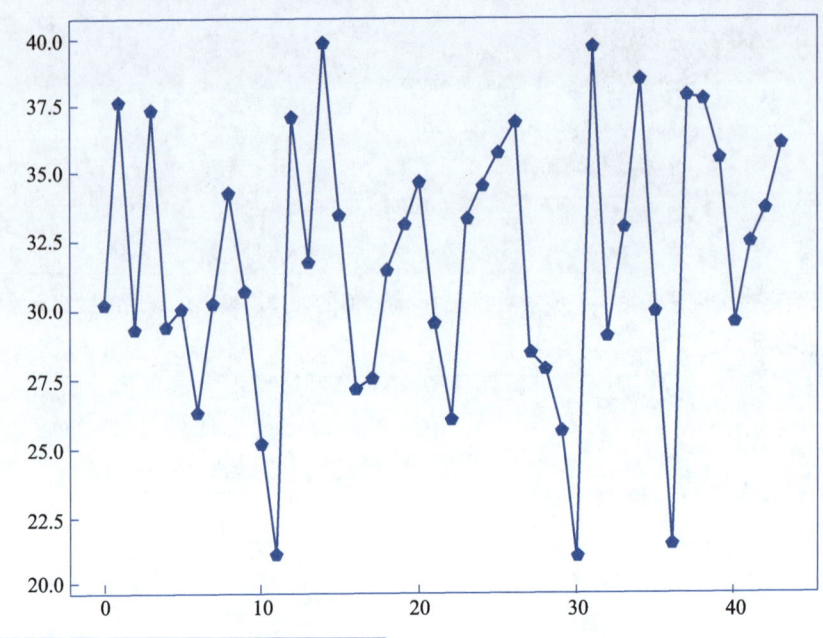

图 5-7
temperature 数据点及数据曲线

写入文件的数据，其前 15 行如表 5-2 所示。

表 5-2　文件的前 15 行数据

30.22
37.68
29.32
37.44
29.46
30.12
26.3
30.34
34.38
30.79
25.17
20.5
37.21
31.88
39.94

Step 8：整合代码

注释掉代码中打印输出计算结果的代码，本节完整的代码如下所示。

```
import numpy as np
import matplotlib.pyplot as plt
```

```python
temperature_str = np.loadtxt('ug_detect.csv',\
                          dtype = bytes, \
                          delimiter=',',\
                          skiprows=1,\
                          usecols=(1),\
                          unpack = False)
'''print("读取出的数组是 temperature_str：\n", \
      temperature_str)'''
temperature = np.ndarray( len(temperature_str) )
for index in range(0, len(temperature_str)) :
    item = temperature_str[index]
    if item != b"":
        item = item.decode( 'GB2312' )
        item = float( item )
    else:
        item = None
    temperature[index] = item


for index in range(0, len(temperature)) :
    item = temperature[index]
    if item >= 500.0:
        item = None
    temperature[index] = item


t = np.arange( len( temperature ))
plt.plot(t,temperature)
plt.plot(t,temperature,'pr')
plt.show( )


def bisec(dataArray):
    for index in range(0, len(dataArray)) :
        if np.isnan ( dataArray[index]):
            dataArray[index] = 0.5 * \
                             ( dataArray[index - 1] + \
                               dataArray[index + 1] )


bisec( temperature )
print("温度是：\n", temperature)


t = np.arange( len( temperature ))
plt.plot(t,temperature)
plt.plot(t,temperature,'pr')
```

```
                        plt.show( )

                        np.savetxt('ug_temperature.csv', \
                                    temperature, 
                                    delimiter = ',', \
                                    fmt = '%.2f')
```

5.3.2 处理其余井下环境指标数据

对于其余井下环境指标数据中的空白值和缺失值，采用与上一小节处理温度数据类似的方法，即首先将异常值用 nan 对象代替，然后使用数值处理的方法将 nan 值用其相邻元素的平均值代替。

在本小节中，将部分可复用的代码重新设计，将其封装为函数。

Step 1：引入程序包

需要使用 numpy 中的函数和数据类型，需要使用 matplotlib.pyplot 中的绘图函数。引入相应的扩展包，如下所示。

视频 47
处理更多井下数据

视频 48
创建数据处理函数

```
import numpy as np
import matplotlib.pyplot as plt
```

Step 2：创建输入数据格式转换函数

由于数据表中存在空数据，因此将使用 loadtxt( ) 函数读取的数据，存储为字符串。

这里，创建一个函数 inMixData2float( )，该函数将包含空白数据且数据元素类型为字符串的输入数组，转换元素类型为浮点数的数组，代码如下所示。

```
def inMixData2float(org_array, new_array):
    for index in range(0, len(org_array)) :
        item = org_array[index]
        if item != b'':
            item = item.decode( 'GB2312' )
            item = float( item )
        else:
            item = None
        new_array[index] = item
```

Step 3：创建异常值转换函数

创建一个函数 defectsCop( )，该函数将数组中的异常值转换为空值 None。

当然，也可以将异常值用其他合理的数值代替。在这里，将异常值用空值代替，是为了方便后续的处理。

代码如下所示。

```
ddef defectsCop(data_array, threshold):
    for index in range(0, len(data_array)) :
        item = data_array[index]
        if item >= float(threshold):
```

```
            item = None
        data_array[index] = item
```

该函数的第 1 个参数是输入的数组，第 2 个参数 threshold 是阈值。高于阈值的值，均认为是异常值。

Step 4：创建插值函数

创建一个函数 bisec( )，该函数将数组中的空值 nan 用相邻两个元素的平均值代替。对于处于每行边界位置的元素，如数组中的第 1 个和最后一个元素，将其值设置为其相邻元素的值。即如果数组中的第 1 个元素是 nan，则将该元素的值设置为与第 2 个元素的值相同。如果数组中的最后一个元素是 nan，则将该元素的值设置为与倒数第 2 个元素的值相同。

```
def bisec(dataArray):
    for index in range(0, len(dataArray)) :
        if np.isnan ( dataArray[index]):
            if index == 0:
                dataArray[index] = \
                        dataArray[index + 1]
            elif index == len(dataArray):
                dataArray[index] = \
                        dataArray[index - 1]
            else:
                dataArray[index] = \
                        0.5 * \
                        ( dataArray[index - 1] +\
                        dataArray[index + 1] )
```

Step 5：读取表格数据

使用 loadtxt( )函数读取数据文件的第 3 列～第 5 列，分别赋值给变量 humidity_str、gas_str 和 co_str。这 3 列分别是井下的湿度、瓦斯浓度和一氧化碳浓度。代码如下所示。

```
(humidity_str,
 gas_str,
 co_str) = np.loadtxt('ug_detect.csv', \
                    dtype = bytes,\
                    delimiter=',',\
                    skiprows=1,\
                    usecols=(2,3,4),\
                    unpack=True)
```

这里，通过设置参数 dtype 的值为 bytes 编码格式，使得读取的数据以 bytes 编码格式存储。

Step 6：创建新数组并将数组元素处理为可处理的值

从数据文件中读取出的数据是字符串，其中存在异常值和空值。

首先调用函数 inMixData2float( )函数将数组中的字符串类型的元素，转变为浮点数类型元素。然后，调用函数 defectsCop( )将数组中的异常值代替为 None。对于 3 种不同指标，分别设置 defectsCop( )函数的第 2 个参数，即异常值的阈值为 200、100 和 100。最后打印

项目 5 井下环境监测数据处理

输出计算结果，代码如下所示。

```
humidity = np.ndarray( len( humidity_str ) )
gas = np.ndarray( len( gas_str ) )
co = np.ndarray( len( co_str ) )
inMixData2float(humidity_str,humidity)
defectsCop( humidity, 200 )
inMixData2float(gas_str,gas)
defectsCop( gas, 100 )
inMixData2float(co_str,co)
defectsCop( co, 100 )

print("井下的湿度是：\n", humidity)
print("井下的瓦斯气体浓度是：\n", gas)
print("井下的一氧化碳浓度是：\n", co)
```

运行程序的输出结果如图 5-8 所示。

```
井下的湿度是：
[69.  nan 66. 68. 75. 77. 83. 66. 62. 75. 69. 80. nan 94. 77. 67. 79. nan
 94. 93. 92. 92. 80. 79. 72. nan 99. 64. 66. 60. 67. nan 74. 61. 62. 62.
 93. 67. 68. 96. 80. 69. 96. 78.]
井下的瓦斯气体浓度是：
[2.9  2.86 nan 1.18 3.81 1.93 2.07 1.46 3.36 2.4  3.34 2.95 nan 2.41
 1.98 2.03 1.41 3.39 3.27 nan 1.58 2.69 2.61 1.26 1.82 3.77 1.94 3.93
 1.08 2.33 3.88 3.4  1.09 3.22 3.61 nan 3.63 3.21 1.12 1.52 1.3  3.26
 3.42 3.69]
井下的一氧化碳浓度是：
[3.6  3.64 1.66 6.49 4.78 4.2  3.67 nan 4.39 5.79 6.28 6.22 4.75 1.49
 1.08 nan 2.5  1.7  5.02 4.69 3.01 5.16 2.8  6.81 2.49 nan 3.85 nan
 2.4  3.84 5.19 3.77 nan 1.74 6.52 6.83 4.43 2.41 4.56 5.54 2.23 1.43
 1.4  5.34]
```

图 5-8 含有 nan 值的 3 项井下环境指标数据

由图 5-8 可见，3 个数据表中仅存在浮点数和 nan 值。

Step 7：处理数组中的空元素

调用函数 bisec( )处理数组中的空值。打印输出计算结果，代码如下所示。

```
bisec(humidity)
bisec(gas)
bisec(co)
print("井下的湿度是：\n", humidity)
print("井下的瓦斯气体浓度是：\n", gas)
print("井下的一氧化碳浓度是：\n", co)
```

程序执行后的数组值如图 5-9 所示。

```
井下的湿度是：
[69.    67.5  66.    68.    75.    77.    83.    66.    62.    75.    69.    80.    87.    94.
 77.    67.    79.    86.5   94.    93.    92.    92.    80.    79.    72.    85.5   99.    64.
 66.    60.    67.    70.5   74.    61.    62.    62.    93.    67.    68.    96.    80.    69.
 96.    78.  ]
井下的瓦斯气体浓度是：
[2.9    2.86   2.02   1.18   3.81   1.93   2.07   1.46   3.36   2.4    3.34   2.95
 2.68   2.41   1.98   2.03   1.41   3.39   3.27   2.425  1.58   2.69   2.61   1.26
 1.82   3.77   1.94   3.93   1.08   2.33   3.88   3.4    1.09   3.22   3.61   3.62
 3.63   3.21   1.12   1.52   1.3    3.26   3.42   3.69  ]
井下的一氧化碳浓度是：
[3.6    3.64   1.66   6.49   4.78   4.2    3.67   4.03   4.39   5.79   6.28   6.22
 4.75   1.49   1.08   1.79   2.5    1.7    5.02   4.69   3.01   5.16   2.8    6.81
 2.49   3.17   3.85   3.125  2.4    3.84   5.19   3.77   2.755  1.74   6.52   6.83
 4.43   2.41   4.56   5.54   2.23   1.43   1.4    5.34  ]
```

图 5-9 处理后的 3 项井下环境指标数据

Step 8：将数据写入数据文件

使用 numpy 的 savetxt( )函数将数据保存在 CSV 文件中。在这里，将这 3 个数组的数据分别写入不同的 CSV 文件，其文件名分别是"ug_humidity.csv""ug_gas.csv.csv"和"ug_co.csv"。代码如下所示。

```
print("保存处理后的湿度数据文件。")
np.savetxt('ug_humidity.csv', \
        humidity, \
        delimiter = ',', \
        fmt = '%.2f')
print("保存处理后的瓦斯浓度数据文件。")
np.savetxt('ug_gas.csv', \
        gas, \
        delimiter = ',', \
        fmt = '%.2f')
print("保存处理后的一氧化碳浓度数据文件。")
np.savetxt('ug_co.csv', \
        co, \
        delimiter = ',', \
        fmt = '%.2f')
```

Step 9：整合代码

不仅可以将每个指标的数组存储为单独的文件，还可以将采集到的 3 项指标的数据存储到一个文件中，并为数据添加表头，即列名称。这里，首先需要创建一个二维数组，其尺寸为 44×3，该数组的每一列对应一种指标。然后使用 savetxt( )函数向数据文件"all_data.csv"写入数据。

```
all_data = np.array([humidity, gas, co]).\
        transpose( )
np.savetxt("all_data_numpy.csv", \
        all_data,\
        header = "湿度,瓦斯浓度,一氧化碳浓度",\
        delimiter = ",", \
        comments = " ",\
        fmt = "%.2f")
```

在这里，变量 all_datad 指向用 humidity、gas、co 3 个一维数组创建的二维数组。用 transpose( )函数进行转置后，该数组的尺寸变为 44×3。

savetxt( )函数的第 2 个参数 all_data 是一个二维数组；第 3 个参数 header 作为列名称写在文件的第 1 行，不同的列名称使用逗号","分隔；第 4 个参数 delimiter 指明了数据的分隔符为逗号","，如果不指明，则写入的数据会出现格式错误；第 5 个参数 comments 指明了表头文件的起始字符，如果不对该参数赋值，则会自动加入符号"#"；第 6 个参数 fmt 设置写入文件的数据格式，这里设置为有两位小数的浮点数。

本小节内容的全部代码如下所示。

```
import numpy as np
```

```python
import matplotlib.pyplot as plt

def inMixData2float(org_array, new_array):
    for index in range(0, len(org_array)) :
        item = org_array[index]
        if item != b'':
            item = item.decode( 'GB2312' )
            item = float( item )
        else:
            item = None
        new_array[index] = item

def defectsCop(data_array, threshold):
    for index in range(0, len(data_array)) :
        item = data_array[index]
        if item >= float(threshold):
            item = None
        data_array[index] = item

def bisec(dataArray):
    for index in range(0, len(dataArray)) :
        if np.isnan ( dataArray[index]):
            if index == 0:
                dataArray[index] = \
                            dataArray[index + 1]
            elif index == len(dataArray):
                dataArray[index] = \
                            dataArray[index - 1]
            else:
                dataArray[index] = \
                        0.5 * \
                        ( dataArray[index - 1] +\
                          dataArray[index + 1] )

(humidity_str,
 gas_str,
 co_str) = np.loadtxt('ug_detect.csv', \
                    dtype = bytes,\
                    delimiter=',',\
                    skiprows=1,\
                    usecols=(2,3,4),\
                    unpack=True)
humidity = np.ndarray( len( humidity_str ) )
```

```python
gas = np.ndarray( len( gas_str ) )
co = np.ndarray( len( co_str ) )
inMixData2float(humidity_str,humidity)
defectsCop( humidity, 200 )
inMixData2float(gas_str,gas)
defectsCop( gas, 100 )
inMixData2float(co_str,co)
defectsCop( co, 100 )

#print("井下的湿度是：\n", humidity)
#print("井下的瓦斯气体浓度是：\n", gas)
#print("井下的一氧化碳浓度是：\n", co)


bisec(humidity)
bisec(gas)
bisec(co)
print("井下的湿度是：\n", humidity)
print("井下的瓦斯气体浓度是：\n", gas)
print("井下的一氧化碳浓度是：\n", co)



print("保存处理后的湿度数据文件。")
np.savetxt('ug_humidity.csv', \
        humidity, \
        delimiter = ',', \
        fmt = '%.2f')
print("保存处理后的瓦斯浓度数据文件。")
np.savetxt('ug_gas.csv', \
        gas, \
        delimiter = ',', \
        fmt = '%.2f')
print("保存处理后的一氧化碳浓度数据文件。")
np.savetxt('ug_co.csv', \
        co, \
        delimiter = ',', \
        fmt = '%.2f')


print("将这三种井下环境指标的数据写入一个文件中。")
all_data = np.array([humidity, gas, co]).\
        transpose( )
np.savetxt("all_data_numpy.csv", \
        all_data,\
        header = "湿度,瓦斯浓度,一氧化碳浓度",\
```

```
                delimiter = ",", \
                comments = " ",\
                fmt = "%.2f")
```

执行上述程序，运行结果如图 5-10 所示。

```
井下的湿度是：
[69.  67.5 66.  68.  75.  77.  83.  66.  62.  75.  69.  80.  87.  94.
 77.  67.  79.  86.5 94.  93.  92.  92.  80.  79.  72.  85.5 99.  64.
 66.  60.  67.  70.5 74.  61.  62.  62.  93.  67.  68.  96.  80.  69.
 96.  78. ]
井下的瓦斯气体浓度是：
[2.9   2.86  2.02  1.18  3.81  1.93  2.07  1.46  3.36  2.4   3.34  2.95
 2.68  2.41  1.98  2.03  1.41  3.39  3.27  2.425 1.58  2.69  2.61  1.26
 1.82  3.77  1.94  3.93  1.08  2.33  3.88  3.4   1.09  3.22  3.61  3.62
 3.63  3.21  1.12  1.52  1.3   3.26  3.42  3.69 ]
井下的一氧化碳浓度是：
[3.6   3.64  1.66  6.49  4.78  4.2   3.67  4.03  4.39  5.79  6.28  6.22
 4.75  1.49  1.08  1.79  2.5   1.7   5.02  4.69  3.01  5.16  2.8   6.81
 2.49  3.17  3.85  3.125 2.4   3.84  5.19  3.77  2.755 1.74  6.52  6.83
 4.43  2.41  4.56  5.54  2.23  1.43  1.4   5.34 ]
保存处理后的湿度数据文件。
保存处理后的瓦斯浓度数据文件。
保存处理后的一氧化碳浓度数据文件。
将这三种井下环境指标的数据写入一个文件中。
```

图 5-10
程序运行结果

最终写入的数据文件如图 5-11 所示。

	A	B	C	D
1	湿度	瓦斯浓度	一氧化碳浓度	
2	69	2.9	3.6	
3	67.5	2.86	3.64	
4	66	2.02	1.66	
5	68	1.18	6.49	
6	75	3.81	4.78	
7	77	1.93	4.2	
8	83	2.07	3.67	
9	66	1.46	4.03	
10	62	3.36	4.39	
11	75	2.4	5.79	
12	69	3.34	6.28	
13	80	2.95	6.22	
14	87	2.68	4.75	
15	94	2.41	1.49	

图 5-11
写入全部数据的数据文件

5.3.3　使用 pandas 处理缺失数据

前述章节中，使用 numpy 对数据文件中的缺失值和异常值进行了处理。在本小节中，将使用 pandas 完成该功能。与之前章节不同的是，本小节将使用拉格朗日插值算法处理缺失值，这是使用 scipy.interpolate 中的 lagrange( )函数实现的。

Step 1：引入程序包

需要使用 pandas、matplotlib.pyplot 和 scipy.interpolate 中的函数和数据类型，因此引入这 3 个扩展包，并分别取别名。代码如下所示。

```
import pandas as pd
import matplotlib.pyplot as plt
import scipy.interpolate as itp
```

这里，scipy.interpolate 含有多个进行数据插值运算的函数。

Step 2：创建异常值转换函数

创建一个函数 defectsCop( )，用来寻找数据集中的异常值。该函数具有两个参数，第 1 个参数 data_series 是需要处理的对象的引用，是一个 pandas 的 Series 对象；第 2 个参数

threshold 是异常值的阈值。代码如下所示。

```
def defectsCop(data_series, threshold):
    for index in range(0, len(data_series)):
        item = data_series[index]
        if item >= float(threshold):
            item = None
            data_series[index] = item
```

Step 3：将空白值代替为其相邻元素拉格朗日插值的结果

创建一个函数 seriesItp ( )，该函数具有一个参数，是需要处理的 pandas.Series 对象。代码如下所示。

```
def seriesItp(data_series):
    for index in range(0, len(data_series)) :
        item = data_series[index]
        if pd.isnull( data_series[index] ):
            x_list = [index - 1, index + 1]
            y_list = [ data_series[index - 1],\
                       data_series[index + 1]]
            lagrange_poly = itp.lagrange( x_list, y_list )
            data_series[index] = lagrange_poly(index)
```

在上述函数中，x_list 是存储 Series 索引的列表；y_list 是存储 Series 值的列表。将这两个列表作为拉格朗日插值函数 lagrange( )的参数，将计算结果赋值给变量 lagrange_poly，该函数的返回值是一个多项式。

Step 4：读取数据文件并创建 **Series** 对象

使用 pandas 的 read_csv( )函数读取数据文件，并将 3 列分别赋值给变量 humidity_data、gas_data 和 co_data。代码如下所示。

```
ug_data = pd.read_csv('ug_detect.csv',\
                      header = 0, \
                      encoding='gb2312')
temperature_data = ug_data[u'温度（?C）']
humidity_data = ug_data[u'相对湿度']
gas_data = ug_data[u'瓦斯(m?/min)']
co_data = ug_data[u'一氧化碳(m?/min)']
```

这里，ug_data 指向一个 DataFreame 对象，通过使用列索引，将该对象中的每一列存储为一个变量，即 humidity_data、gas_data 和 co_data。3 个变量各指向一个 Series 对象。

打印输出变量 ug_data 的第 11 行～第 20 行的值，以及该变量的类型、维度和尺寸。操作方法与 python 的序列类型、numpy 的数组类型类似，也可以对 DataFrame 进行切片操作。这里，选取 ug_data 的前 10 行就是通过切片操作实现的。代码如下所示。

```
print("读取的数据 ug_data 前 10 行是：\n",\
```

```
                    ug_data[10:21])
            print("ug_data 的类型是：\n", type(ug_data))
            print("ug_data 的维度是：\n", ug_data.ndim)
            print("ug_data 的维度是：\n", ug_data.ndim)
            print("ug_data 的形状是：\n", ug_data.shape)
```

可见，DataFrame 对象的很多属性和 numpy 的 ndarray 对象的属性一致。

运行程序后，输出结果如图 5-12 所示。

```
读取的数据ug_data前10行是：
    采集时间点  温度（?C）  相对湿度  瓦斯(m?/min)  一氧化碳(m?/min)
10    11      25.17    69.0    3.34         6.28
11    12      20.50    80.0    2.95         6.22
12    13      37.21    NaN     999.99       4.75
13    14      31.88    94.0    2.41         1.49
14    15      39.94    77.0    1.98         1.08
15    16      33.65    67.0    2.03         NaN
16    17      27.21    79.0    1.41         2.50
17    18      27.57    999.0   3.39         1.70
18    19      31.59    94.0    3.27         5.02
19    20      NaN      93.0    NaN          4.69
20    21      34.88    92.0    1.58         3.01
ug_data的类型是：
<class 'pandas.core.frame.DataFrame'>
ug_data的维度是：
2
ug_data的维度是：
2
ug_data的形状是：
(44, 5)
```

图 5-12
DataFrame 对象 ug_data
的值及相关信息

由图 5-12 可见，ug_data 是一个具有表头(列名称)的二维表格，其类型是 DataFrame，其尺寸是 44×5。ug_data 有 5 列，其中第 1 列是行索引，之后的 4 列是读取出的数据。在数据表中，既有空值 NaN，也有异常值 999.99。在 pandas 当中，空值用 NaN 表示。

打印输出 co_data 的前 10 行以及该变量的类型、维度和尺寸。操作方法和 DataFrame 类似，也可以对 DataFrame 进行切片操作。在这里，选取 co_data 的前 10 个元素就是通过切片操作实现的，代码如下所示。

```
            print("co_data 的前 10 个元素是：\n",\
                co_data[0:10])
            print("co_data 的类型是：\n", type(co_data))
            print("co_data 的维度是：\n", co_data.ndim)
            print("co_data 的形状是：\n", co_data.shape)
```

可见，Series 对象的很多属性和 numpy 的 ndarray 对象的属性一致。

运行程序后，输出结果如图 5-13 所示。

```
co_data的前10个元素是：
0    3.60
1    3.64
2    1.66
3    6.49
4    4.78
5    4.20
6    3.67
7    NaN
8    4.39
9    5.79
Name: 一氧化碳(m?/min), dtype: float64
co_data的类型是：
<class 'pandas.core.series.Series'>
co_data的维度是：
1
co_data的形状是：
(44,)
```

图 5-13
Series 对象 co_data 的值
及相关信息

从图 5-12 可见，co_data 是一维表格，其类型是 Series，其尺寸是 44×1。co_data 有 1 列，然而图中显示有两列，其中第 1 列是索引，第 2 列才是 co_data 的值。在 co_data 中，存在空值 NaN。事实上，该对象中也存在异常值。

Step 5：处理数据中的异常值

通过调用函数 defectsCop( )将数据中的异常值重新赋值为 None 对象，这里设置温度、相对湿度、瓦斯浓度和一氧化碳的异常值阈值分别为 60、200、100 和 100。打印输出 humidity_data 的第 10～20 个元素，代码如下所示。

视频 51
处理井下数据的缺失值和异常值(使用 pandas)

```
defectsCop(temperature_data, 60)
defectsCop(humidity_data, 200)
defectsCop(gas_data, 100)
defectsCop(co_data, 100)
print("humidity_data 的第 10～第 20 个元素是：\n",\
      humidity_data[10:21])
```

运行的结果如图 5-14 所示。

```
humidity_data的第10个~第20个元素是：
10    69.0
11    80.0
12     NaN
13    94.0
14    77.0
15    67.0
16    79.0
17     NaN
18    94.0
19    93.0
20    92.0
Name: 相对湿度, dtype: float64
```

图 5-14
消除异常值后 humidity_data 的第 10 个～第 20 个元素

在图 5-12 中，湿度数据的第 17 行是异常值 999.0。在图 5-14 中，该数据已经变成了空数据 NaN。

Step 6：使用插值函数处理缺失值

通过调用函数 seriesItp( )对 Series 对象中的控制 NaN 进行处理。打印输出 humidity_data 的第 10 个～第 20 个元素。代码如下所示。

```
seriesItp(temperature_data)
seriesItp(humidity_data)
seriesItp(gas_data)
seriesItp(co_data)
print("humidity_data 的第 10 个～第 20 个元素是：\n",\
      humidity_data[10:21])
```

运行结果如图 5-15 所示。

```
humidity_data的第10个~第20个元素是：
10    69.0
11    80.0
12    87.0
13    94.0
14    77.0
15    67.0
16    79.0
17    86.5
18    94.0
19    93.0
20    92.0
Name: 相对湿度, dtype: float64
```

图 5-15
拉格朗日插值后 humidity_data 的第 10 个～第 20 个元素

在图 5-14 中，湿度数据的第 17 行是空数据 NaN。在图 5-15 中，该数据变成了数据 86.5。

Step 7：绘制处理后数据的图像

以 ug_data 的第 4 列，即瓦斯含量数据为例，绘制仅消除异常值的数据和最终处理得到的数据。为了便于对比和观察，将仅消除异常值的数据点用蓝色线段连接，将最终数据用孤立点表示。为了获取仅消除异常值的数据，需要再次读取数据文件"ug_detect.csv"，获取原始数据，并调用 defectsCop( ) 函数消除异常值。最后使用 plot( ) 函数进行绘制。代码如下所示。

```
ug_data = pd.read_csv('ug_detect.csv',\
                header = 0, \
                encoding='gb2312')
gas_data_org = ug_data[u'瓦斯(m?/min)']
defectsCop(gas_data_org, 100)
t = range( len( gas_data_org ) )
plt.plot( t, gas_data_org )
plt.plot( t, gas_data,'pr' )
plt.show( )
```

程序执行后，运行结果如图 5-16 所示。

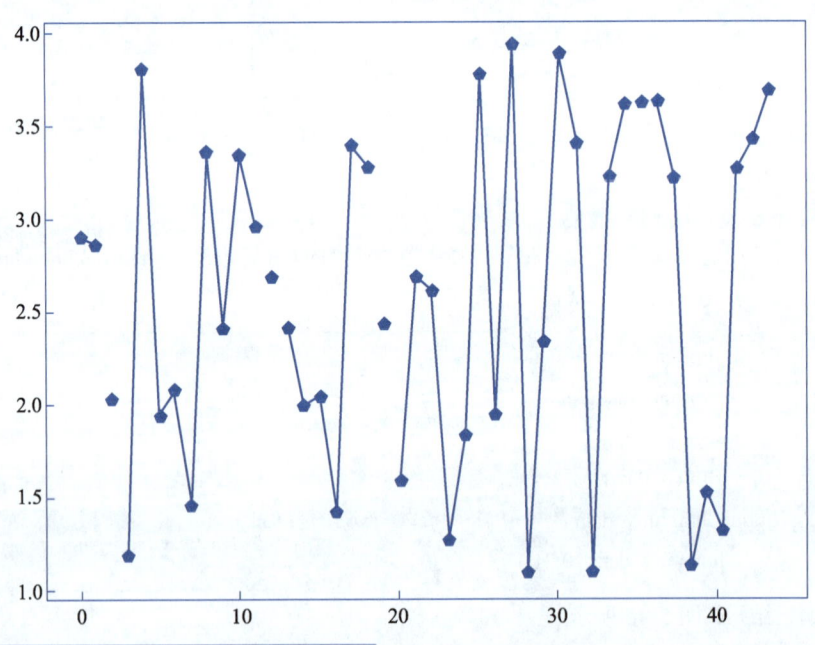

图 5-16
原始数据和处理后数据的点线图

在图 5-16 中，红色点是最终数据，可见，最终数据已经不存在空值和异常值。蓝色的线段将消除异常值后数据的相邻点连接起来，然而其中有多处中断，这意味着中断处存在空值 NaN。

Step 8：将处理后的数据保存在文件中

首先使用上述的 4 个 Series 对象创建一个 DateFrame 对象 all_data，然后使用 DateFrame 对象的 to_csv( ) 方法将 all_data 对象的数据写入文件 ug_detect_new.csv。

```
all_data = pd.DataFrame(\
    {"温度":temperature_data,\
    "相对湿度":humidity_data,\
    "瓦斯浓度":gas_data, \
    "一氧化碳浓度":co_data})
all_data.to_csv('all_data_pandas.csv',\
           index = False, \
           encoding='gb2312')
```

运行程序写入文件。文件的前 15 行如图 5-17 所示。

	A	B	C	D	E
1	温度	相对湿度	瓦斯浓度	一氧化碳浓度	
2	30.22	69	2.9	3.6	
3	37.68	67.5	2.86	3.64	
4	29.32	66	2.02	1.66	
5	37.44	68	1.18	6.49	
6	29.46	75	3.81	4.78	
7	30.12	77	1.93	4.2	
8	26.3	83	2.07	3.67	
9	30.34	66	1.46	4.03	
10	34.38	62	3.36	4.39	
11	30.79	75	2.4	5.79	
12	25.17	69	3.34	6.28	
13	20.5	80	2.95	6.22	
14	37.21	87	2.68	4.75	
15	31.88	94	2.41	1.49	

图 5-17 将处理后的数据写入数据文件

Step 9：整合代码

注释掉开发过程中输出显示结果的代码，这节完整的代码如下所示。

```
import pandas as pd
import matplotlib.pyplot as plt
import scipy.interpolate as itp

def defectsCop(data_series, threshold):
    for index in range(0, len(data_series)):
        item = data_series[index]
        if item >= float(threshold):
            item = None
            data_series[index] = item

def seriesItp(data_series):
    for index in range(0, len(data_series)) :
        item = data_series[index]
        if pd.isnull( data_series[index] ):
            x_list = [index - 1, index + 1]
            y_list = [ data_series[index - 1],\
                       data_series[index + 1]]
            lagrange_poly = itp.lagrange( x_list, y_list )
```

```python
                    data_series[index] = lagrange_poly(index)


    ug_data = pd.read_csv('ug_detect.csv',\
                    header = 0, \
                    encoding='gb2312')
temperature_data = ug_data[u'温度（?C）']
humidity_data = ug_data[u'相对湿度']
gas_data = ug_data[u'瓦斯(m?/min)']
co_data = ug_data[u'一氧化碳(m?/min)']
'''
print("ug_data 第 11 行～第 20 行的值是：\n",\
    ug_data[10:21])
print("ug_data 的类型是：\n", type(ug_data))
print("ug_data 的维度是：\n", ug_data.ndim)
print("ug_data 的形状是：\n", ug_data.shape)

print("co_data 的前 10 个元素是：\n",\
    co_data[0:10])
print("co_data 的类型是：\n", type(co_data))
print("co_data 的维度是：\n", co_data.ndim)
print("co_data 的形状是：\n", co_data.shape)'''
defectsCop(temperature_data, 60)
defectsCop(humidity_data, 200)
dcfcctsCop(gas_data, 100)
defectsCop(co_data, 100)
'''
print("humidity_data 的第 10 个～第 20 个元素是：\n",\
    humidity_data[10:21])'''
seriesItp(temperature_data)
seriesItp(humidity_data)
seriesItp(gas_data)
seriesItp(co_data)
'''
print("humidity_data 的第 10 个～第 20 个元素是：\n",\
    humidity_data[10:21])'''


ug_data = pd.read_csv('ug_detect.csv',\
                    header = 0, \
                    encoding='gb2312')
gas_data_org = ug_data[u'瓦斯(m?/min)']
defectsCop(gas_data_org, 100)
```

```
t = range( len( gas_data_org ) )
plt.plot( t, gas_data_org )
plt.plot( t, gas_data,'pr' )
plt.show( )

all_data = pd.DataFrame(\
    {"温度":temperature_data,\
     "相对湿度":humidity_data,\
     "瓦斯浓度":gas_data, \
     "一氧化碳浓度":co_data})
all_data.to_csv('all_data_pandas.csv',\
                index = False, \
                encoding='gb2312')
```

5.4 知识储备

PPT：pandas 基础

5.4.1 pandas 介绍

pandas 是基于 numpy 构建的，和 numpy 具有很好的兼容性。pandas 提供了高级数据结构和操作工具，使数据分析工作变得更快、更简单、更高效。pandas 主要用于数据分析和数据可视化，其两种主要的数据结构是 Series 和 DateFrame。其中 DataFrame 和 R 语言中的 data.frame 很像，特别是对于时间序列数据有一套分析机制，很适合进行数据分析。

视频 52
创建 Series 对象

5.4.2 pandas 的 Series 对象

Series 对象类似于 numpy 的一维数组对象，由一组数据以及一组与其相关联的索引组成。

1. 使用序列创建 Series 对象

使用 Series( )函数可以从序列对象创建 Series 对象。

该函数具有两个参数，它们都是序列对象。其中第 1 个序列参数用于建立 Series 对象的值，第 2 个序列参数用于建立 Series 对象的索引。

如果 A 和 B 是序列对象，则使用 Series( )函数创建 Series 对象 C 的方式如下所示。

C = Series(A、B)

在这里，序列 A 和 B 的长度必须相同。

也可以省略第 2 个参数，Series( )函数仅使用第 1 个参数。此时，创建的 Series 对象的索引使用默认值，是从 0 开始依次递增 1 的整数。

如果 A 是序列对象，则使用 Series( )函数创建 Series 对象 C 的方式如下所示。

C = Series(A)

虽然可以使用序列对象为 Series 对象的索引重新赋值，但是其默认的整数索引不会消失。也就是说，Series 对象总存在一个默认的整数索引。

在下面的示例中，创建了一个列表对象 aList 和一个元组对象 aTuple。使用 aList 作为 Series 的值和默认索引，创建了 Series 对象 aSeries。使用 aList 作为 Series 的值，使用 aTuple 作为 Series 的索引，创建了 Series 对象 bSeries。打印输出这两个 Series 对象的值和类型。代码如下所示。

```python
import pandas as pd
aList = [97,98,99,100]
aTuple = ("a", "b", "c","d")
aSeries = pd.Series(aList)
bSeries = pd.Series(aList, aTuple)
print("使用默认索引的aSereis：")
print("其值是：\n", aSeries)
print("其类型是：", type(aSeries))
print("\n 指定索引序列的bSereis：")
print("其值是：\n", bSeries)
print("其类型是：", type(bSeries))
```

运行该程序，输出结果如图 5-18 所示。

```
使用默认索引的aSereis:
其值是:
 0    97
 1    98
 2    99
 3    100
dtype: int64
其类型是: <class 'pandas.core.series.Series'>

指定索引序列的bSereis:
其值是:
 a    97
 b    98
 c    99
 d    100
dtype: int64
其类型是: <class 'pandas.core.series.Series'>
```

图 5-18
使用序列对象创建 Series 对象

从图 5-18 可见，Series 对象的包含两列数据，其第 1 列是索引，第 2 列是值。对于 aSereis 而言，其索引是默认索引，即从 0 开始依次加 1 的整数。对于 bSereis 而言，其索引是元组 aTuple 的元素值。图中的 dtype 是 Series 对象元素的值类型，这里是 64 位整数类型。

2. 使用字典创建 Series 对象

使用 Series() 函数可以从字典对象创建 Series 对象。

该函数具有一个参数，该参数是一个字典。字典的键作为创建的 Series 对象的索引，字典的值作为创建的 Series 对象的值。也就是说，Series 对象的索引就是原字典键的有序排列。

如果 A 是字典对象，则使用 Series() 函数创建 Series 对象 B 的方式如下所示。

```
B = Series(A)
```

在下面的示例中，创建了一个字典对象 aDict。使用 aDict 作为 Series() 函数的参数，创建了 Series 对象 aSer。打印输出这个 Series 对象的值。代码如下所示。

```
import pandas as pd
aDict = {"SZ":"0755",\
        "PK":"010",\
        "SH":"020",\
        "HRB":"0451"}
aSer = pd.Series( aDict )
print( "从字典创建了 Sereis 对象。\n" )
print( "该对象的值是：\n",aSer )
```

运行该程序，输出结果如图 5-19 所示。

```
从字典创建了Sereis对象。

该对象的值是：
 SZ     0755
PK      010
SH      020
HRB     0451
dtype: object
```

图 5-19
使用字典对象创建 Series 对象

从图 5-19 可见，字典 aDict 的键就是 Series 对象的索引，字典 aDict 的值就是 Series 对象元素的值。图中的 dtype 是 Series 对象元素的值类型，这里是字符串类型。

从字典创建 Series 对象，Series( )函数也可以具有两个参数。其中第 1 个参数是字典对象，第 2 个参数是序列对象。第 2 个参数用于创建的 Series 对象的索引。

如果 A 是字典对象，B 是序列对象，则使用 Series( )函数创建 Series 对象 C 的方式如下所示。

```
C = Series(A, B)
```

如果 B 中的元素值同时也是字典 A 的键，则该索引对应的 Series 元素值为字典中 A 中该键的值；否则，如果 B 中的元素值不是字典 A 的键，则该索引对应的 Series 对象的元素值为缺失值 NaN（非数字）。

在下面的示例中，创建了一个字典对象 aDict 和一个列表对象 aList。使用 aDict 作为 Series( )函数的第 1 个参数，使用 aList 作为 Series( )函数的第 2 个参数，创建了 Series 对象 aSer。打印输出这两个 Series 对象的值和类型，代码如下所示。

```
import pandas as pd
aDict = {"SZ":2200,\
        "PK":5100,\
        "SH":6000,\
        "HRB":800}
aList = ["SZ", "GZ",\
        "PK", "HK",\
        "SH", "HRB"]
aSer = pd.Series( aDict, aList )
print( "从字典创建了 Sereis 对象。\n" )
```

```
print( "该对象的值是：\n",aSer )
```

运行该程序，输出结果如图 5-20 所示。

```
从字典创建了Sereis对象。
该对象的值是：
SZ     2200.0
GZ        NaN
PK     5100.0
HK        NaN
SH     6000.0
HRB     800.0
dtype: float64
```

图 5-20
使用字典对象和序列对象
创建 Series 对象

从图 5-20 可见，aSer 存在一些空值或缺失值 NaN。这些缺失值对应的索引值存储于列表 aList 中，然而并不是字典 aDict 的键。如果 Series 对象的索引值既是 aDict 的键，又是 aList 元素值，则 Series 对象该索引对应的元素值就是 aDict 相应键的值。

3．使用 Series 的常用属性

使用 Series 对象的 values 属性，可以获取由该 Series 对象的值组成的数组。
使用 Series 对象的 index 属性可以获取该 Series 对象的索引。
使用 Series 对象的 name 属性可以为 Series 对象及其索引命名。
对于 Series 对象 A，使用上述属性的方法如下所示。

视频 53
使用 Series 的常用属性

```
A.values
A.index
A.name = "aNAME"
A.index.name = "bNAME"
```

在下面的示例中，创建了一个 Series 对象 aSer，获取其 values 属性和 index 属性的值，分别赋值给变量 aSerValues 和 aSerIndex。通过对 name 属性赋值，修改了该对象的名称以及索引列的名称。打印输出 aSer、aSerValues 和 aSerIndex 值和类型，以即修改名称后 aSer 的相关信息，代码如下所示。

```
import pandas as pd
aSer = pd.Series( [97, 98, 99, 100],\
                  index=["a","b","c","d"] )
aSerValues = aSer.values
aSerIndex = aSer.index
print("该 Series 对象是：\n",aSer)
print("\n 该 Series 对象 index 属性是：\n",aSerIndex)
print("其类型是：\n",type(aSerIndex))
print("\n 该 Series 对象的 values 属性是：\n",aSerValues)
print("其类型是：\n",type(aSerValues))
aSer.name = "population"
aSer.index.name = "字母"
print("\n 修改名称后该 Series 对象是：\n",aSer)
```

运行程序，输出结果如图 5-21 所示。

```
该Series对象是：
a    97
b    98
c    99
d    100
dtype: int64
该Series对象index属性是：
 Index(['a', 'b', 'c', 'd'], dtype='object')
其类型是：
<class 'pandas.core.indexes.base.Index'>
该Series对象的values属性是：
[ 97  98  99 100]
其类型是：
<class 'numpy.ndarray'>
修改名称后该Series对象是：
字母
a    97
b    98
c    99
d    100
Name: population, dtype: int64
```

图 5-21
Series 对象的 index 和 values 属性

从图 5-21 可见，index 属性的返回值是 Index 类型，values 属性的返回值是 numpy 数组类型。为 aSer 的 name 属性 e 赋值后，其 Name 发生了变化。为 aSer 的索引的 name 赋值后，其索引的名字发生了变化。

4．操作 **Series** 对象

可以使用索引的方式操作 Series 对象的一个或一组值。

对于 Series 对象 A，使用 A[index]来访问索引为 index 的值。

在下面的示例中，创建了一个整数列表 idList 和一个字符串列表 nameList，将这两个列表分别作为索引和元素，创建了 Series 对象 idSer。首先根据索引，获取每个元素的值并打印输出结果。之后，根据索引修改每个元素的值，并输出结果，如下所示。

视频 54
操作 Series 对象的元素

```
import pandas as pd
idList = [100, 101, 102, 103]
nameList = ['Lucy','Lily','Han','Poly']
idSer = pd.Series(idList, nameList)
lucy_id = idSer['Lucy']
lily_id = idSer['Lily']
han_id = idSer['Han']
poly_id = idSer['Poly']
print("---- 初始 id ----")
print('Lucy 的 id 是：', lucy_id)
print('Lily 的 id 是：', lily_id )
print('Han 的 id 是：', han_id)
print('Poly 的 id 是：',poly_id )
idSer['Lucy'] = 200
idSer['Lily'] = 201
idSer['Han'] = 202
idSer['Poly'] = 203
print("\n---- 修改后的 id ----")
lucy_id = idSer['Lucy']
```

```
lily_id = idSer['Lily']
han_id = idSer['Han']
poly_id = idSer['Poly']
print('Lucy 的 id 是：', lucy_id)
print('Lily 的 id 是：', lily_id )
print('Han 的 id 是：', han_id)
print('Poly 的 id 是：',poly_id )
```

运行该程序，结果如图 5-22 所示。

```
---- 初始 id ----
Lucy的id是： 100
Lily的id是： 101
Han的id是： 102
Poly的id是： 103
---- 修改后的id ----
Lucy的id是： 200
Lily的id是： 201
Han的id是： 202
Poly的id是： 203
```

图 5-22
根据索引操作 Series 对象的元素

和序列对象、数组对象类似，对 Series 对象也可以使用切片操作。如前所示，Series 存在默认的整数序列，切片操作正是对这个默认的整数序列进行的。

在下面的示例中，创建了一个整数列表 idList 和一个字符串列表 nameList，将这两个列表分别作为索引和元素，创建了 Series 对象 idSer，使用 name 属性为 idSer 的索引命名。最后使用切片操作，将 idSer 的所有元素赋值为 1。打印输出计算结果，代码如下所示。

```
import pandas as pd
idList = [100, 101, 102, 103]
nameList = ['Lucy','Lily','Han','Poly',]
idSer = pd.Series(idList, nameList)
idSer.index.name = "姓名"

print("---- 初始 id ----")
print(idSer)

print("\n---- 修改后的 id ----")
idSer[0:4] = 1
print(idSer)
```

运行该程序，结果如图 5-23 所示。

```
---- 初始id ----
姓名
Lucy    100
Lily    101
Han     102
Poly    103
dtype: int64
---- 修改后的id ----
姓名
Lucy    1
Lily    1
Han     1
Poly    1
dtype: int64
```

图 5-23
使用切片操作 Series 对象

由图 5-23 可见，可以使用默认索引对 Series 进行切片操作。

5.4.3 pandas 的 DataFrame 对象

DataFrame 是 pandas 中另一种重要的数据结构，和 Series 类似，DataFrame 对象也是具有索引的。

一个 DataFrame 对象包含一组有序的列，每列可以采用不同的值类型（整数、浮点数、字符串等）。因此，DataFrame 是一种表格型的数据结构。从某种程度上说，Series 与 numpy 中的一维数组类似，DataFrame 与 numpy 中的多维数组类似。

视频 55
创建 DataFrame 对象

1. 创建 DataFrame 对象

可以使用 DataFrame( ) 函数创建 DataFrame 对象，该函数可以只具有一个参数，该参数是一个字典，该字典的键是列的名称，该字典的值是等长度的列表或 numpy 数组。

如果存在字典对象 A，则可以通过如下方式创建 DataFrame 对象 B。

```
B = DataFrame(A)
```

在下面的示例中，首先创建了一个字典对象 aDict，并使用该对象创建了一个 DataFrame 对象 aDf。打印输出 aDf 的值、类型、维度、尺寸和元素个数。代码如下所示。

```python
import pandas as pd
aDict = {"Grade":[1, 2, 3, 4, 5, 6],
         "Year":[2010, 2011, 2012,
                 2013, 2014, 2015],
         "Name":["张大","张二",
                 "张三","张四","张五","张六"]}
aDf = pd.DataFrame(aDict)

print("从字典创建了 DataFrame 对象。")
print("其值是：\n",aDf)
print("其类型是：\n",type(aDf))
print("其维数是：\n",aDf.ndim)
print("其尺寸是：\n",aDf.shape)
print("其元素个数是：\n",aDf.size)
```

可见，DataFrame 对象具有和 numpy 的数组、pandas 的 Series 对象类似的一些属性。

运行如上程序，输出结果如图 5-24 所示。

```
从字典创建了DataFrame对象。
其值是：
   Grade  Year Name
0    1    2010  张大
1    2    2011  张二
2    3    2012  张三
3    4    2013  张四
4    5    2014  张五
5    6    2015  张六
其类型是：
<class 'pandas.core.frame.DataFrame'>
其维数是：
 2
其尺寸是：
 (6, 3)
其元素个数是：
 18
```

图 5-24
使用字典创建 DataFrame 对象

从图 5-24 可见，与 Series 对象类似，DataFrame 对象自动添加最左边的索引，称为行索引。虽然存在表现为 1 列数据的行索引，然而该列数据并不作为 aDf 对象的值存在，其尺寸仍然是 6×3。与此同时，aDf 对象的每一列都有一个"列名称"，这里称为列索引。另外，每一列的数据类型可以不同。

和 Series 对象类似，如果没有指定行索引，则 DataFrame 对象使用自动创建的默认行索引，默认行索引是取值范围为 0~N-1 的整数型索引，这里 N 是 DataFrame 对象每一列的长度。

如果需要指定 DataFrame 对象的行索引或列索引，那么可以在使用 DataFrame( )函数创建 DataFrame 对象的时候，使用 index 参数指定行索引，使用 column 参数指定列索引。

如果存在字典对象 A、序列对象 B 和序列对象 C，则可以通过如下方式创建 DataFrame 对象 D。

D = DataFrame(A, index = B, column = C)

或者

D = DataFrame(A, index = B)

或者

D = DataFrame(A, column = C)

需要注意的是，行索引序列的长度和 DataFrame 每列数据的长度必须相等。

列索引序列可以和字典 A 的键相同，也可以不同。在上述代码中，赋值给 column 参数的序列 C 的值即为 DataFrame 对象 D 的列索引。如果序列 C 元素的值是字典 A 已定义的键，则 D 中该列的值就是字典 A 中对应的值。如果序列 C 元素的值是字典 A 中未定义的键，则 D 中该列数据的值为 NaN。

在下面的示例中，创建了一个字典对象 aDict、两个列表对象 aList 和 bList，并使用这 3 个对象创建一个 DataFrame 对象 aDf。将 aList 赋值给 DataFrame 对象的 index 参数，作为 aDf 的行索引。将 bList 赋值给 DataFrame 对象的 columns 参数，作为 aDf 的列索引。打印输出 aDf 的值、类型、维度、尺寸和元素个数。代码如下所示。

```
import pandas as pd

aDict = {"Grade":[1, 2, 3, 4, 5, 6],
         "Year":[2010, 2011, 2012,
                 2013, 2014, 2015],
         "Name":["张大","张二",
                 "张三","张四","张五","张六"]}
aList = ["学生 1","学生 2","学生 3",
         "学生 4","学生 5","学生 6"]
bList = ["Name","Address","Year","Grade","Phone"]
aDf = pd.DataFrame(aDict,
                   index = aList,
                   columns = bList)
```

```
print("使用字典和列表创建了 DataFrame 对象。")
print("其值是：\n",aDf)
print("其类型是：\n",type(aDf))
print("其维数是：\n",aDf.ndim)
print("其尺寸是：\n",aDf.shape)
print("其元素个数是：\n",aDf.size)
```

运行程序，输出结果如图 5-25 所示。

```
使用字典和列表创建了DataFrame对象。
其值是：
     Name Address  Year  Grade Phone
学生1  张大     NaN  2010      1   NaN
学生2  张二     NaN  2011      2   NaN
学生3  张三     NaN  2012      3   NaN
学生4  张四     NaN  2013      4   NaN
学生5  张五     NaN  2014      5   NaN
学生6  张六     NaN  2015      6   NaN
其类型是：
<class 'pandas.core.frame.DataFrame'>
其维数是：
 2
其尺寸是：
 (6, 5)
其元素个数是：
 30
```

图 5-25 创建指定行、列索引的 DataFrame 对象

可见，aDf 行索引和列表 aList 的值一致，其列索引和列表 bList 的值一致。对于存在于 bList 而不存在于 aDict 的列，其值为 NaN。

2．操作 DataFrame 对象的元素

可以通过指定 DataFrame 的列索引，获取 DataFrame 对象的某列，其结果是一个 Series 对象。这种方式和使用字典的键获取字典的值是类似的。

在下面的示例中，创建了一个具有 3 列数据的 DataFrame 对象 aDf，使用其字典属性获取列索引为"Octal"的数据，并赋值给变量 aSer。设置 aSer 索引的名称是"字母"。打印输出 aSer 的结果、类型和尺寸，代码如下所示。

视频 56
操作 DataFrame 对象的元素

```
import pandas as pd
aDict = {'alphabet':['a', 'b', 'c', 'd', 'e'],
         'decimal':[97, 98, 99, 100, 101],
         'Octal':[141, 142, 143, 144, 145]}
aDf = pd.DataFrame(aDict,
                   columns=['decimal','Octal', 'alphabet'],
                   index = ['a', 'b', 'c', 'd', 'e'])
aSer = aDf['Octal']
aSer.index.name = "字母"
print("DataFrame 对象是：\n", aDf)
print("\n 列索引为"Octal"的列是：\n", aSer)
print("其类型是：\n", type(aSer))
print("其尺寸是：\n", aSer.shape)
```

运行程序，输出结果如图 5-26 所示。

```
DataFrame 对象是：
  decimal  Octal alphabet
字母
a     97    141       a
b     98    142       b
c     99    143       c
d    100    144       d
e    101    145       e

列索引为"Octal"的列是：
字母
a    141
b    142
c    143
d    144
e    145
Name: Octal, dtype: int64
其类型是：
<class 'pandas.core.series.Series'>
其尺寸是：
(5,)
```

图 5-26
获取 DataFrame 的一列
为 Series 对象

由图 5-26 可见，输出的变量 aSer 是一个 Series 对象，其 name 属性已经赋值，该值和 DataFrame 第 2 列的名字相同。aSer 的索引和 DataFrame 的行索引相同。

可以通过指定列索引和行索引的方式，获取 DataFrame 对象的值。对于 DataFrame 对象 A，则 A[i][j] 指向列索引为 i、行索引为 j 的元素。

可以对 DataFrame 对象使用切片操作。对于 DataFrame 对象 A，A[i:j] 对 A 的行索引进行切片操作。

在下面的示例中，创建了一个具有 3 列数据的 DataFrame 对象 aDf。通过使用列索引和行索引，打印输出列索引为"Octal"的第 3 个元素。通过使用列索引，选择某列数据，然后对行索引进行切片操作，打印输出第一列的第 1 个～第 3 个元素。通过对默认的行索引进行切片操作，打印输出第 2 行～第 4 行的元素。代码如下所示。

```python
import pandas as pd
aDict = {'alphabet':['a', 'b', 'c', 'd', 'e'],
         'decimal':[97, 98, 99, 100, 101],
         'Octal':[141, 142, 143, 144, 145]}
aList = ['decimal','Octal', 'alphabet']
bList = ['a', 'b', 'c', 'd', 'e']
aDf = pd.DataFrame(aDict,
                   columns = aList,
                   index = bList)

print("DataFrame 对象是：\n", aDf)
print("\n 其第 2 列第 3 个元素是：\n",\
      aDf["Octal"][2])
print("\n 其第 1 列第 1 个～第 3 个元素是：\n", \
      aDf["decimal"][0:3])
print("\n 其第 2 行～第 4 行是：\n", aDf[1:4])
```

运行程序，输出结果如图 5-27 所示。

3. 使用字典嵌套创建 DataFrame 对象

可以使用嵌套的字典创建 DataFrame 对象。

```
DataFrame对象是:
   decimal  Octal  alphabet
a       97    141         a
b       98    142         b
c       99    143         c
d      100    144         d
e      101    145         e

其第2列第3个元素是:
 143

其第1列第1个~第3个元素是:
a    97
b    98
c    99
Name: decimal, dtype: int64

其第2行~第4行是:
   decimal  Octal  alphabet
b       98    142         b
c       99    143         c
d      100    144         d
```

图 5-27 操作 DataFrame 的元素

如果 A 是一个嵌套的字典对象，则使用 A 创建 DataFrame 对象 B 的方法如下所示。

B = A

这里，字典对象 A 外层字典的键是 DataFrame 对象 B 的列索引，字典对象 A 内层字典的键是 DataFrame 对象 B 的行索引，字典对象 A 内层字典的值是 DataFrame 元素的值。

在下面的示例中，创建了一个嵌套字典 aDict，该字典的外层键构成列表['decimal', 'lower', 'octal']，内层键构成列表['A', 'B', 'C', 'D', 'E', 'F']。使用 aDict 创建 DataFrame 对象 aDf，打印输出 aDf，代码如下所示。

```
import pandas as pd
aDict = {'decimal':{'A':64,'B':65,
                    'C':66,'D':67,'E':68},
         'lower':{'A':'a','B':'b','D':'d'},
         'Octal':{'B':102,'C':103,'D':104,
                  'E':105,'F':106}}
aDf = pd.DataFrame(aDict)
print(aDf)
```

运行程序，结果如图 5-28 所示。

```
   decimal lower  Octal
A     64.0     a    NaN
B     65.0     b  102.0
C     66.0   NaN  103.0
D     67.0     d  104.0
E     68.0   NaN  105.0
F      NaN   NaN  106.0
```

图 5-28 使用嵌套字典创建 DataFrame 对象

从图 5-28 可见，存在一些 NaN，这是由于在字典 aDict 中并没有为这些键赋值。

4．DataFrame 对象的常用属性

可以为 DataFrame.index 的 name 属性赋值，该值是 DataFrame 对象行索引的名称。

与 Series 类似，DataFrame 对象的 values 属性返回 DataFrame 的数据，存储在 numpy 二维数组对象中。

在下面的示例中，创建了一个包含两列数据的 DataFrame 对象 aDf，存储了字母 A~E 的 ASCII 码值，将 aDf.index 的 name 属性赋值为字符串'alphabet'。通过 values 属性，获

视频 57 使用 DataFrame 的常用属性

取 aDf 的值，并赋值给变量 aArray。打印输出计算结果。代码如下所示。

```
import pandas as pd
aDict = {'decimal':[65, 66, 67, 68, 69],
         'Octal':[101, 102, 103, 104, 105]}
aList = ['decimal','Octal']
bList = ['a', 'b', 'c', 'd', 'e']
aDf = pd.DataFrame(aDict,
                   columns = aList,
                   index = bList)
aDf.index.name = 'alphabet'
print("修改了行索引名字的 DataFrame 对象是：\n",aDf)

aArray = aDf.values
print("\naDf 的值构成的数组是：\n", aArray)
```

运行程序，结果如图 5-29 所示。

```
修改了行索引名字的DataFrame对象是：
          decimal  Octal
alphabet
a              65    101
b              66    102
c              67    103
d              68    104
e              69    105

aDf的值构成的数组是：
[[ 65 101]
 [ 66 102]
 [ 67 103]
 [ 68 104]
 [ 69 105]]
```

图 5-29
使用 DataFrame 对象的常用属性

5.4.4 使用 pandas 的函数读写文件

1. 使用 read_csv( )函数读取文件

使用该函数读取 CSV 文件，将读出的数据存储为一个 DataFrame 对象。

当没有缺失数据时，使用 loadtxt( )函数可以快速地读取格式简单的文本文件。没有缺失数据，意味着文件的每一行数据的个数相等。

该函数的使用方法如下所示。

```
pandas.read_csv(filepath_or_buffer,
                sep=',',
                dialect=None,
                compression='infer',
                doublequote=True,
                escapechar=None,
                quotechar='"',
                quoting=0,
                skipinitialspace=False,
```

```
lineterminator=None,
header='infer',
index_col=None,
names=None,
prefix=None,
skiprows=None,
skipfooter=None,
skip_footer=0,
na_values=None,
na_fvalues=None,
true_values=None,
false_values=None,
delimiter=None,
converters=None,
dtype=None,
usecols=None,
engine=None,
delim_whitespace=False,
as_recarray=False,
na_filter=True,
compact_ints=False,
use_unsigned=False,
low_memory=True,
buffer_lines=None,
warn_bad_lines=True,
error_bad_lines=True,
keep_default_na=True,
thousands=None,
comment=None,
decimal='.',
parse_dates=False,
keep_date_col=False,
dayfirst=False,
date_parser=None,
memory_map=False,
float_precision=None,
nrows=None,
iterator=False,
chunksize=None,
verbose=False,
encoding=None,
```

```
                        squeeze=False,
                        mangle_dupe_cols=True,
                        tupleize_cols=False,
                        infer_datetime_format=False,
                        skip_blank_lines=True)
```

表 5-3 给出了该函数的部分参数及说明。

表 5–3　read_csv( )函数的参数

参数名称	参数说明
filepath_or_buffer	字符串对象或者文件句柄。字符串可能是一个 URL，合法的 URL 包括 HTTP、FTP、S3 和 FILE
sep	字符串对象，默认值是 ","。数据分隔符，如果其值是 None 对象，则系统尝试自动决定。支持正则表达式
engine	用来进行解析的引擎，其值可以是 "C" 或者 "Python"。C 引擎更快
lineterminator	字符串对象，默认值是 None。用来区分不同行的分隔符，仅在使用 C 解释器时使用
converters	可选参数，字典对象，默认值是 None。通过该参数指定的字典，将指定的列映射到一个函数，从而对该列数据进行类型转换。该字典的键可以是整数或者列标签
dtype	指明数据或列数据的数据类型
encoding	字符串对象，默认值是 None。读写文件时，对 UTF 的编码
delimiter	字符串对象，默认值是 None。sep 参数的另外一个名称，支持正则表达式
header	整数或者整数列表对象

2．使用 to_csv( )函数写文件

使用该函数可以把 DataFrame 对象写入 CSV 文件中。

该函数的使用方法如下所示。

```
                DataFrame.to_csv(path_or_buf=None,
                        sep=',',
                        na_rep='',
                        float_format=None,
                        columns=None,
                        header=True,
                        index=True,
                        index_label=None,
                        mode='w',
                        encoding=None,
                        compression=None,
                        quoting=None,
```

```
quotechar="",
line_terminator='\n',
chunksize=None,
tupleize_cols=None,
date_format=None,
doublequote=True,
escapechar=None,
decimal='.')
```

表 5-4 给出了该函数的常用参数及其说明。

表 5–4 to_csv( )函数的参数

参数名称	参数说明
path_or_buf	指定数据来源。可以是字符串或者文件句柄，默认值是 None。如果该值是 None，则函数的返回值是一个字符串
sep	字符对象，默认值是 ","。数据分隔符
na_rep	字符串对象，默认值是 ""。用来表示缺失数据
float_format	字符串对象，默认值是 None。指定浮点数的存储格式
columns	可选参数，序列对象。指定要写入文件的列
header	布尔或字符串对象，默认值是 True。写明列名称
index	布尔对象，默认值是 True。写明行名称
mode	字符串对象。Python 写模式，默认是 "w"
encoding	可选参数，字符串对象。指明写文件的输出文件的编码方式，Python 2 默认是 "ascii"，Python 3 默认是 "UTF-8"

3．pandas 中更多的读写文件函数

除上述常用的 read_csv( )函数外，还有其他读文件函数，可以从不同数据源读取数据，或者读取具有不同特点的数据文件。

表 5-5 列举了 pandas 包中其他读文件函数。

表 5–5 pandas 包其他的读文件函数

函数名称	函数说明
read_table( )	将一个用符号分隔数据的文件读取到 DataFrame 对象中
read_excel ( )	将 Excel 文件的表格读取到 DataFrame 对象中
read_html( )	将 HTML 的表格读取到 DataFrame 列表中
read_json( )	将 JSON 字符串转换为 pandas 对象
read_sql_table( )	读取 SQL 数据库表格到 DataFrame 对象中

除上述常用的 savetxt( )函数外，还有其他写文件函数，可以从不同数据源读取数据，或者读取具有不同特点的数据文件。

表 5-6 列举了 numpy 包中其他一些写文件函数。

表 5-6 numpy 其他写文件函数

函数名称	函数说明
to_excel()	将 DataFrame 对象写入 Excel 文件
to_json()	将 DataFrame 对象转换为 JSON 字符串
to_html()	将 DataFrame 对象渲染为 HTML 表格
to_sql()	将 DataFrame 对象写入 SQL 数据库

5.5 素养提升

通过设计数据分析程序，提早发现和预防生产中可能存在的安全隐患，对于保护劳动者的安全、健康，促进社会生产力发展有积极作用。在学习、工作的工程中，要树立"中国式现代化关键在科技现代化"的信念，发扬热爱劳动、辛勤劳动的精神，通过自己的劳动成果，为科技现代化和中国式现代化贡献力量。

5.6 课后练习

一、填空题

1. pandas 提供的两种主要数据类型是_____和_____。
2. 使用 Series 对象的_____属性，可以获取该 Series 对象的索引。
3. DataFrame 对象具有两个索引，分别是_____和_____。
4. 可以使用 numpy 的_____方法对数组进行转置操作。
5. 已经运行了代码 import numpy as np，现在需要将数组 A 在水平方向分隔为 3 份，使用 split()函数实现该功能的代码是_____。将数组 A 在垂直方向分隔为 3 份，使用 split()函数实现该功能的代码是_____。

二、判断题

1. 如果为 Series 对象指定了索引，则不能对该对象进行切片操作，因为其默认的整数索引不存在了。（   ）
2. 可以使用索引的方式，操作 Series 对象的一个或一组元素。（   ）
3. 可以使用字典创建 DataFrame 对象，但不能使用嵌套的字典创建 DataFrame 对象。（   ）
4. 可以使用 vsplit()函数将数组在水平方向上进行分隔。（   ）
5. 可以使用 hsplit()函数将数组在水平方向上进行分隔。（   ）

三、综合题

创建一个有 3 列数据的 DataFrame 对象 A，其列索引分别是"省份""区号""省会""人口""新生儿童"和"死亡人口"。要求：

1. 输入 10 行数据，即获取 10 个省份的如上信息，自行查询相关数据。
2. 求出每个省份的出生率、死亡率。
3. 按照出生率由低到高的顺序，将省份重新排序，生成 DataFrame 对象 B，并写入文件"birthrate.csv"。

项目6　超市商品销售额分析

学习指导

知识目标	理解相关性的概念
	了解方差、标准差、协方差的含义
技能目标	能够确定相关性分析需求
	能够设计数据相关性分析程序
	能够编程求解方差、标准差、协方差

项目 6 超市商品销售额分析

PPT：
超市商品销售额相关性分析

视频 58
任务分析

6.1 情境描述

乐哈哈超市是一家无人值守超市，主要供应满足日常生活的必需品，如蔬菜、水果、海鲜等。为了提升超市的竞争力及营业额，超市最近开始经营化妆品，但发现这部分商品的销量一直不佳。

与此同时，经过一些成功案例的实施，欢喜科技的知名度逐步得到了提升，并得到了市场的认可。乐哈哈超市的王经理慕名而来，希望能够通过数据分析技术，对无人值守超市的化妆品经营提供帮助。

欢喜科技把这项任务交给了小刘。小刘对乐哈哈超市进行了一周的实地考察，他发现购买化妆品的客户通常会购买一些其他商品，而且这些商品具有一定的关联。也就是说，某类商品的客户同时也是其他类商品的潜在客户。这就意味着，这些商品的销售额可能存在着一定的相关性。

为了论证该观点，小刘决定使用数据相关性理论进行分析，并使用可视化手段进行展示。根据分析结果对超市货柜摆放位置有针对性地进行调整。

6.2 任务分析

乐哈哈超市 8 月的销售数据存放在数据表"mall_sales"中，该表的前 14 行数据如表 6-1 所示。

表 6-1 无人值守超市 8 月份销售额前 15 行数据

日期	水果销售额/元	蔬菜销售额/元	海鲜销售额/元	化妆品销售额/元
2023/8/1	4876.9	2620.9	1355.5	249.8
2023/8/2	5226.5	2276.3	1570.9	584.5
2023/8/3	4582.9	2673.6	1333.7	520.3
2023/8/4	5840.3	2301	1911.7	247.2
2023/8/5	4564.5	2742.9	1743.2	597.9
2023/8/6	4433.5	2087.2	1931	555
2023/8/7	4723.1	2979.2	1164.6	478.2
2023/8/8	4253.3	2672.1	1866.3	253.9
2023/8/9	5536.3	2255.7	1296.9	578
2023/8/10	5551.6	2819.5	1244.1	593.5
2023/8/11	5427.8	2867.5	1373.4	292.5
2023/8/12	4852.6	2945.8	1373.5	381.2
2023/8/13	4047.8	2230.3	1657.3	513.7
2023/8/14	4419.4	2272.6	1631.3	358.4

从表 6-1 可见，数据表的第 1 行是表头，第 2 行～第 15 行包含 14 条销售数据。第 1

列是商场的营业日期，第 2 列～第 4 列是不同种类商品的销售额。需要对不同种类商品的销售额进行分析，找到其内在的联系，也就是不同数据的相关性。

对于这项任务，可以通过相关性分析技术，对不同变量之间相关性的强度进行分析，并用适当的统计指标表示。

两组数据是否相关，相关程度有多大，可以使用协方差和相关系数来衡量。协方差的绝对值越大表示相关程度越高，协方差为正值表示正相关，负值表示负相关，0 表示不相关。相关系数基于协方差，但对其进行了无量纲处理。

6.3 任务实施

6.3.1 分析水果和化妆品销售额的相关性

视频 59
求解水果和化妆品销售额的协方差矩阵

首先计算化妆品销售额和水果销售额的相关性。

Step 1：加载第三方库

代码如下所示。

```
import numpy as np
import matplotlib.pyplot as plt
```

Step 2：读取水果和化妆品的销售数据

数据表的第 1 行是商品分类名称，即数据表的列名称。数据表共 5 列，分别是营业日期、水果销售额、蔬菜销售额、海鲜销售额和化妆品销售额，其中销售额的单位是元。

读取水果和化妆品的销售额，即数据表第 2 列和第 5 列的值，存储在数组 fruitSales 和 vehicleSales 中。由于数据表的第 1 行是表头，因此在读取数据时需要忽略掉第 1 行，从第 2 行开始读取。代码如下所示。

```
(fruitSales,
makeupSales) = np.loadtxt("mall_sales.csv", \
                delimiter=",",\
                skiprows=1,\
                usecols=(1,4),\
                unpack=True)
```

设置 loadtxt( )函数的参数 skiprows 为整数 1，忽略数据文件的第 1 行，设置 usecols 参数为元组(1，4)，读取数据表的第 2 行和第 5 行。由于要读取多列数据，因此设置 unpack 的值为布尔值 True。

Step 3：求解协方差矩阵

协方差描述两个数组共同变化的趋势，是归一化前的相关系数。可以使用 numpy 的 cov( )函数求解协方差矩阵，打印输出计算结果。代码如下所示。

```
fruit_sales_r = np.diff(fruitSales)/fruitSales[:-1]
makeup_sales_r = np.diff(makeupSales)/makeupSales[:-1]
covm = np.cov(fruit_sales_r, makeup_sales_r)
print("协方差矩阵是：\n",covm)
```

运行上述代码，输出结果如图 6-1 所示。

图 6-1 化妆品和水果销售额的协方差矩阵

```
协方差矩阵是：
[[0.02801623 0.0190622 ]
 [0.0190622  0.37129724]]
```

从图 6-1 可见，该协方差矩阵的元素均为正值，意味着两种产品的销售额的走势是趋同的。

可以使用 numpy 的 diagonal( )函数查看对角线上的元素，可以使用 trace( )函数求解矩阵的迹。这里，计算协方差矩阵 covm 的对角线元素和迹，输出计算结果。代码如下所示。

```
covmDiag = covm.diagonal( )
print("\n 协方差矩阵的对角线元素是：\n",covmDiag)
convTrc = covm.trace( )
print("\n 协方差矩阵的迹是：\n",convTrc)
```

运行上述代码，输出结果如图 6-2 所示。

图 6-2 协方差矩阵的对角线元素和迹

```
协方差矩阵的对角线元素是：
[0.02801623 0.37129724]
协方差矩阵的迹是：
0.39931347758554514
```

从图 6-2 可见，矩阵的迹是该矩阵对角线上的元素之和。

Step 4：求解相关系数矩阵

两个数组的相关系数等于其协方差除以各自标准差的乘积。对于数组 A 和 B，其相关系数 corr 可以由如下公式计算。

$$\mathrm{corr}(A,B) = \frac{\mathrm{cov}(a,b)}{\sigma_A \times \sigma_B}$$

视频 60 可视化分析水果和化妆品销售额的相关系数矩阵

其中，cov(a,b) 是之前求解得到的协方差矩阵 covm。在 numpy 中，可以使用 std( )函数求解数组的标注差，从而求解相关系数矩阵。代码如下所示。

```
r = covm /( fruit_sales_r.std( ) * makeup_sales_r.std( ) )
```

另外，在 numpy 中，也可以使用 corrcoef( )函数求解相关系数矩阵。代码如下所示。

```
r = np.corrcoef( fruit_sales_r, makeup_sales_r )
print("\n 相关系数矩阵是：\n",r)
```

运行上述代码，输出结果如图 6-3 所示。

图 6-3 求解的相关系数矩阵

```
相关系数矩阵是：
[[1.         0.18689916]
 [0.18689916 1.        ]]
```

从图 6-3 可见，相关系数矩阵的对角线元素为 1，因为这两个元素是每个数组与其自身的相关系数。

求解相关系数矩阵完整的代码如下所示。

```
import numpy as np
import matplotlib.pyplot as plt
(fruitSales,
makeupSales) = np.loadtxt("mall_sales.csv", \
                    delimiter=",",\
                    skiprows=1,\
                    usecols=(1,4),\
                    unpack=True)
fruit_sales_r = np.diff(fruitSales)/fruitSales[:-1]
makeup_sales_r = np.diff(makeupSales)/makeupSales[:-1]
covm = np.cov(fruit_sales_r, makeup_sales_r)
print("协方差矩阵是：\n",covm)
covmDiag = covm.diagonal( )
print("\n 协方差矩阵的对角线元素是：\n",covmDiag)
convTrc = covm.trace( )
print("\n 协方差矩阵的迹是：\n",convTrc)
r = np.corrcoef(fruit_sales_r,makeup_sales_r)
print("\n 相关系数矩阵是：\n",r)
```

运行上述代码，输出结果如图 6-4 所示。

```
协方差矩阵是：
[[0.02801623 0.0190622 ]
 [0.0190622  0.37129724]]
协方差矩阵的对角线元素是：
[0.02801623 0.37129724]
协方差矩阵的迹是：
0.39931347758554514
相关系数矩阵是：
[[1.         0.18689916]
 [0.18689916 1.        ]]
```

图 6-4 求解化妆品和水果销售额的相关系数矩阵

Step 5：绘制相关性示意图

之前通过求解两组数据的协方差矩阵分析了两组销售数据的走势。这里，绘制两部分销售数据的走势，进行数据可视化，代码如下所示。

```
t = np.arange( len(fruit_sales_r) )
plt.plot(t, fruit_sales_r, lw = 1)
plt.plot(t, makeup_sales_r, lw = 1)
plt.show( )
```

程序的运行结果如图 6-5 所示。

6.3.2 分析化妆品和蔬菜的相关性

如下代码完成了化妆品和蔬菜的相关性分析。

```
vegetable_sales   = np.loadtxt('mall_sales.csv',
                            delimiter=',',
                            skiprows=1,
                            usecols=(2),
                            unpack=True)
vegetable_sales_r = np.diff(vegetable_sales)/\
                    vegetable_sales[:-1]
covm = np.cov(vegetable_sales_r, makeup_sales_r)
print("协方差矩阵是：\n",covm)
covmDiag = covm.diagonal( )
r = np.corrcoef(vegetable_sales_r,makeup_sales_r)
print("\n 相关系数矩阵是：\n",r)
plt.plot(t, vegetable_sales_r, lw = 1)
plt.plot(t, makeup_sales_r, lw = 1)
plt.show( )
```

视频 61
分析化妆品和蔬菜销售额的相关性

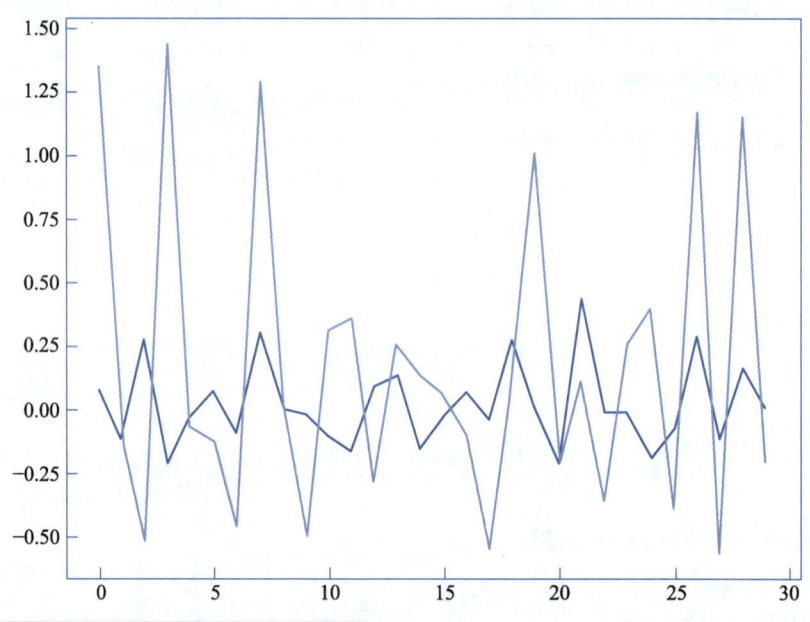

图 6-5
化妆品和水果销售走势图

运行如上代码，程序的输出结果如图 6-6 所示。

```
协方差矩阵是：
[[ 0.03555515 -0.02440473]
 [-0.02440473  0.37129724]]
相关系数矩阵是：
[[ 1.         -0.21240362]
 [-0.21240362  1.        ]]
```

图 6-6
求解化妆品和蔬菜销售额的相关系数矩阵

蔬菜和化妆品销售额的走势如图 6-7 所示，可见化妆品和蔬菜的销售额呈相反走势，即负相关。

6.3 任务实施

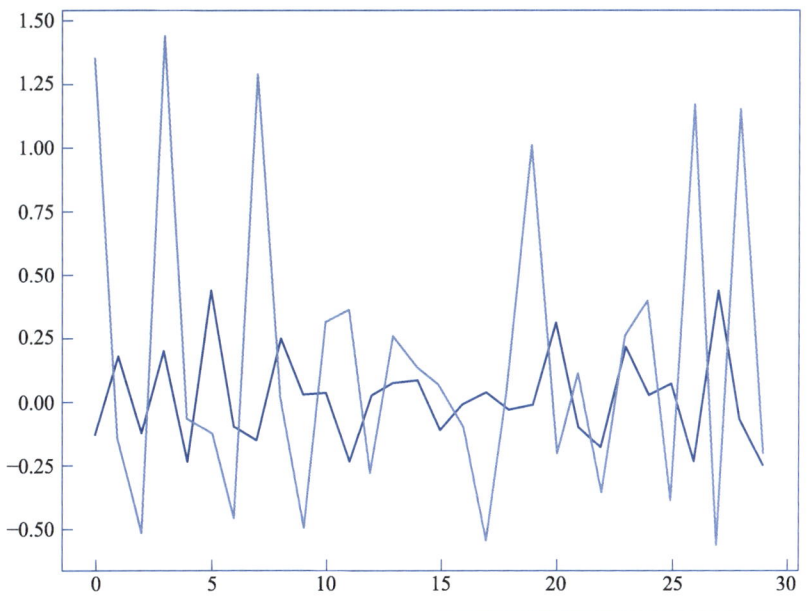

图 6-7
化妆品和蔬菜销售走势图

6.3.3 分析化妆品和海鲜销售额的相关性

如下代码完成了化妆品和海鲜的相关性分析。

```
seafood_sales   = np.loadtxt('mall_sales.csv',
                    delimiter=',',
                    skiprows=1,
                    usecols=(3),
                    unpack=True)
seafood_sales_r = np.diff(seafood_sales)/seafood_sales[:-1]
covm = np.cov(seafood_sales_r, makeup_sales_r)
print("协方差矩阵是：\n",covm)
r = np.corrcoef(seafood_sales_r,makeup_sales_r)
print("\n 相关系数矩阵是：\n",r)
plt.plot(t, seafood_sales_r, lw = 1)
plt.plot(t, makeup_sales_r, lw = 1)
plt.show( )
```

视频 62
分析化妆品和海鲜销售额的相关性

运行如上代码，程序的输出结构如图 6-8 所示。

```
协方差矩阵是：
[[ 0.04791    -0.04820777]
 [-0.04820777  0.37129724]]

相关系数矩阵是：
[[ 1.         -0.3614457]
 [-0.3614457   1.        ]]
```

图 6-8
求解化妆品和海鲜销售额的相关系数矩阵

化妆品和蔬菜销售额的走势如图 6-9 所示。

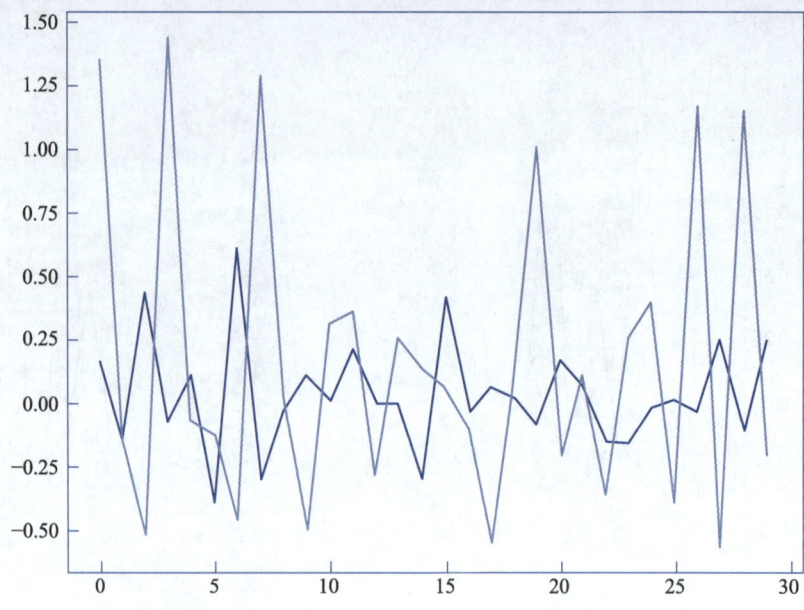

图 6-9
化妆品和海鲜销售走势图

前面分别求解了化妆品与水果、蔬菜和海鲜的相关性系数。表 6-2 给出了化妆品与这 3 种不同商品的相关系数。

表 6-2　海鲜与其他 3 种商品销售额的相关性系数

商品类别	相关性系数
水果	0.186
蔬菜	−0.212
海鲜	−0.361

从表 6-2 可见，化妆品的销售额与水果的销售额相关系数最高，是正相关，与蔬菜和海鲜的销售额均为负相关，而且与海鲜的相关性系数最低。这意味着，购买水果的顾客同时购买化妆品的可能性最高，购买海鲜的顾客同时购买化妆品的可能性最低。

6.3.4　使用 pandas 分析多种商品销售额的相关性

视频 63
使用 pandas 分析商品销售额的相关性

Step 1：引入相关库

代码如下所示。

```
import pandas as pd
import matplotlib.pyplot as plt
```

Step 2：读取数据表文件

数据表的第一行是商品分类名称，共 6 列，分别是日期、水果销售额、蔬菜销售额、海鲜销售额和化妆品销售额，其中销售额的单位是元。如表 6-1 所示。

使用 pandas 的 read_csv( )函数读取 CSV 文件，其结果是一个 DataFrame 对象，赋值给变量 sales_data。打印输出 sales_data 的值。代码如下所示。

```
sales_data = pd.read_csv('mall_sales.csv',
                         index_col = u'日期',
```

```
                encoding='gb2312')
    print("读取的数据是：\n", sales_data)
```

运行代码，输出结果如图 6-10 所示。

```
读取的数据是：
            水果     蔬菜     海鲜    化妆品
日期
2023/8/1  4876.9  2620.9  1355.5  249.8
2023/8/2  5226.5  2276.3  1570.9  584.5
2023/8/3  4582.9  2673.6  1333.7  520.3
2023/8/4  5840.3  2301.0  1911.7  247.2
2023/8/5  4564.5  2742.9  1743.2  597.9
2023/8/6  4433.5  2087.2  1931.0  555.0
2023/8/7  4723.1  2979.2  1164.6  478.2
2023/8/8  4253.3  2672.1  1866.3  253.9
2023/8/9  5536.3  2255.7  1296.9  578.0
```

图 6-10 从数据文件读取的 DataFrame 对象

Step 3：求解相关系数矩阵

可以使用 pandas 的 corr( ) 函数求解所有商品销售额的相关系数矩阵。由于关注的是化妆品的销售额与其他商品的相关系数，因此使用 DataFrame 的列名称获取其中的一列，打印输出计算结果。代码如下所示。

```
saleCorr = sales_data.corr( )
print("所有产品销售额的相关系数矩阵是：\n", saleCorr)
makeupCorr = saleCorr[u'化妆品']
print("\n 化妆品的相关系数矩阵是：\n", makeupCorr)
```

执行上述代码，输出结果如图 6-11 所示。

```
所有产品销售额的相关系数矩阵是：
          水果       蔬菜       海鲜      化妆品
水果   1.000000  0.170126  0.050877  0.037116
蔬菜  -0.170126  1.000000 -0.341288 -0.124626
海鲜  -0.050877 -0.341288  1.000000 -0.216537
化妆品 -0.037116 -0.124626 -0.216537  1.000000

化妆品的相关系数矩阵是：
 水果   -0.037116
 蔬菜   -0.124626
 海鲜   -0.216537
 化妆品  1.000000
Name: 化妆品, dtype: float64
```

图 6-11 使用 pandas 求解的相关系数矩阵

从图 6-11 可见，化妆品的销售额和水果的销售额相关系数最大，与海鲜销售额的相关系数最小，与水果销售额的相关系数居中。pandas 计算结果与之前使用 numpy 求解的结果不同，这是由于使用的算法不同导致，但得到的相关性结论是一致的。

6.4 知识储备

PPT：概率和统计分析基础

6.4.1 方差、标准差、协方差、相关系数

1. 方差

（1）方差的概念

方差（Variance）是衡量数据和期望值相差的度量值。在概率论或者统计学中，方差

是对随机变量或一组数据离散程度的度量。

当数据分布比较分散（即数据在平均数附近波动较大）时，各数据与平均数的差的平方和较大，方差就较大；当数据分布比较集中时，各数据与平均数的差的平方和较小。因此方差越大，数据的波动越大；方差越小，数据的波动就越小。

概率论中方差用来度量随机变量和其数学期望（即均值）之间的偏离程度。

统计学中的方差（样本方差）是每个样本值与全体样本值平均数之差的平方值的平均数。

在许多实际问题中，研究方差（即偏离程度）有重要意义。

（2）统计学中的方差

在统计描述中，方差用来计算每一个变量（观察值）与总体均数之间的差异。方差计算公式为

$$\sigma^2 = \frac{\sum(X-\mu)^2}{N}$$

这里，σ^2 是总体方差，X 为变量，μ 为总体均值，N 为样本数。

（3）概率论中的方差

在概率分布中，设 X 是一个离散型随机变量，若 $E\{[X-E(X)]^2\}$ 存在，则称 $E\{[X-E(X)]^2\}$ 为 X 的方差，记为 $D(X)$ 或 DX，其中 $E(X)$ 是 X 的期望值，X 是变量值，公式中的 E 是期望值。

离散型随机变量方差的计算公式为

$$D(X) = E\{[X-E(X)]^2\} = E(X^2) - [E(X)]^2$$

（4）方差的性质

方差具有如下性质。

① 设 C 是常数，则 $D(C)=0$ 成立。
② 设 X 是随机变量，C 是常数，则有 $D(CX)=C^2 D(X)$ 和 $D(C+X)=D(X)$ 成立。
③ 设 X 与 Y 是两个随机变量，则以下算式成立。

$$D(X \pm Y) = D(X) + D(Y) \pm 2\mathrm{conv}(X,Y)$$

2. 标准差

标准差（Standard Deviation）是反映一组数据离散程度的一种量化形式，是表示精确度的重要指标。标准差常称均方差，是离均差平方的算术平均数的平方根，用 σ 表示。标准差是方差的算术平方根。标准差能反映一个数据集的离散程度。平均数相同的两组数据，标准差未必相同。

一个较大的标准差代表大部分数值与其平均值之间差异较大，一个较小的标准差代表这些数值较接近其平均值。

假设有一组数据 $x_i, i \in [1, N]$，其算术平均值是 μ，则这组数据其标准差的计算公式为

$$\sigma = \sqrt{\frac{1}{N} \sum_{1}^{N}(x_i - \mu)}$$

方差是实际值与期望值之差平方的平均值，而标准差是方差算术平方根。

3．协方差

协方差（Covariance）在概率论和统计学中用于衡量两个变量的总体误差。而方差是协方差的一种特殊情况，即两个变量相同的情况。

协方差表示的是两个变量的总体的误差，这与只表示一个变量误差的方差不同。如果两个变量的变化趋势一致，也就是说，如果其中一个大于自身的期望值，另一个也大于自身的期望值，那么两个变量之间的协方差就是正值。如果两个变量的变化趋势相反，即其中一个大于自身的期望值，另一个却小于自身的期望值，那么两个变量之间的协方差就是负值。

期望值分别为 $E(X)$ 与 $E(Y)$ 的两个随机变量 X 与 Y 之间的协方差 $\mathrm{cov}(X,Y)$ 定义为

$$\mathrm{cov}(X,Y) = E[(X - E(X))(Y - E(Y))]$$

协方差具有如下性质。

① $\mathrm{cov}(X,X) = D(X)$。
② $\mathrm{cov}(X,Y) = \mathrm{cov}(Y,X)$ 成立。
③ 若 a、b 是常数，则 $\mathrm{cov}(aX,bY) = ab\,\mathrm{cov}(X,Y)$ 成立。
④ $\mathrm{cov}(X+Y,Z) = \mathrm{cov}(X,Z) + \mathrm{cov}(Y,Z)$ 成立。

4．相关系数

相关关系是一种非确定性的关系，相关系数是表示变量之间线性相关程度的量。

相关系数一般用字母 r 表示。由于研究对象的不同，相关系数有多种定义方式，较为常用的是皮尔逊相关系数。

相关系数的公式如下所示。

$$r(X,Y) = \frac{\mathrm{cov}(X,Y)}{D(X)D(Y)}$$

6.4.2 使用 Matplotlib 进行数据可视化

作为一个开源项目，Matplotlib 经常用于 Python 绘图。其中，Matplotlib.pyplot 中包含了一些基本的绘图功能。本小节重点介绍使用该扩展包进行绘图的关键技术。

视频 64
Matplotlib 绘图基础

1．绘制多项式曲线

在下面的示例中，使用 numpy 的函数 poly1d( )创建多项式对象 $y = x^2 + 2x + 1$，并将该对象赋值给变量 aPoly。通过 numpy 的 arange( )函数创建数组 X，作为直接坐标系的横轴，通过调用函数 aPoly( )求解 X 对应的函数值 Y。绘制 X 值在[-100,100]区间的函数曲线。代码如下所示。

```
import numpy as np
import matplotlib.pyplot as plt

aPoly = np.poly1d([1,2,1])
X = np.arange(-100,100)
Y = aPoly(X)
```

```
plt.plot(X,Y)
plt.xlabel("X")
plt.ylabel("Y")
plt.show( )
```

在上述代码中，使用 xlabel( )和 ylabel( )函数为直角坐标系的横纵轴命名。最后，使用 show( )函数将图像显示出来。

执行上述代码，输出结果如图 6-12 所示。

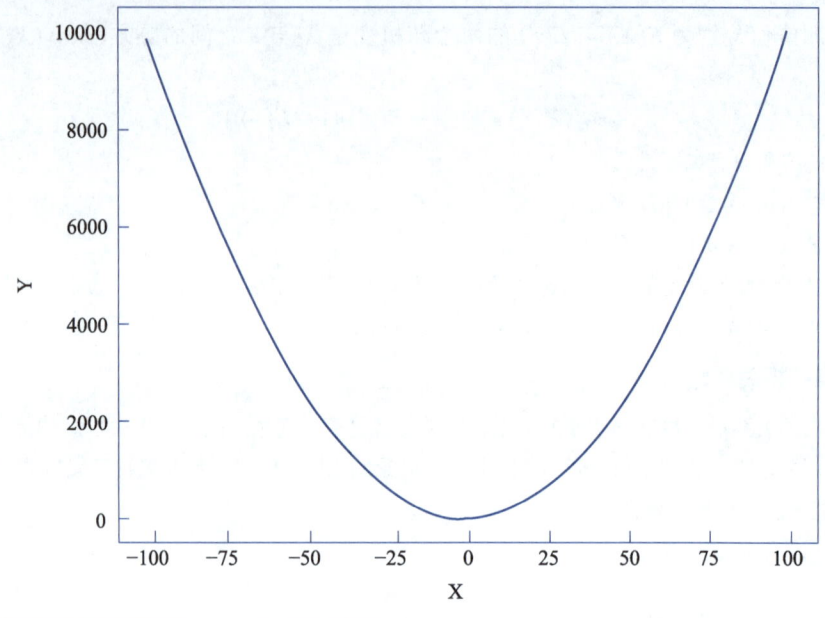

图 6-12
使用绘图函数绘制多项式曲线

2. 使用格式字符串

视频 65
使用格式字符串控制绘图

可以为 plot( )函数指定参数，从而修改绘图的样式。如上例所示，xlabel( )修改了横轴的名称。除此之外，还可以通过可选的格式字符串参数修改指定线条的颜色和风格，默认为"b-"，即如图 6-12 所示的蓝色实线。

在下面的示例中，使用 numpy 的函数 poly1d( )创建多项式对象 $y = x^3 + 2x^2 + 3x + 4$，并将该对象赋值给变量 aPoly，求解该曲线的导数 bPoly。通过 numpy 的 arange( )函数创建数组 X，作为直接坐标系的横轴，其取值范围是[-20,20]。调用函数 aPoly( )和 bPoly( )求解 X 对应的函数值 Y1 和 Y2。在同一幅图上绘制这两条曲线，其中一条曲线是红色实线，另外一条曲线是蓝色虚线。代码如下所示。

```
import numpy as np
import matplotlib.pyplot as plt

aPoly = np.poly1d([1,2,3,4])
bPoly = aPoly.deriv(m=1)
X = np.arange(-20,20)
Y1 = aPoly(X)
```

```
Y2 = bPoly(X)
plt.plot(X,Y1,"r-",X,Y2,"b- -")
plt.xlabel("X")
plt.ylabel("Y")
plt.show( )
```

在上述代码中，使用函数 deriv( )求解函数的导数，该函数的参数 m 指定了导数的阶数。deriv(m=1)返回的是一阶导数。通过为函数 plot( )指定多个参数，设置了两条曲线的参数。最后，使用 show( )函数将图像显示出来。

执行上述代码，输出结果如图 6-13 所示。

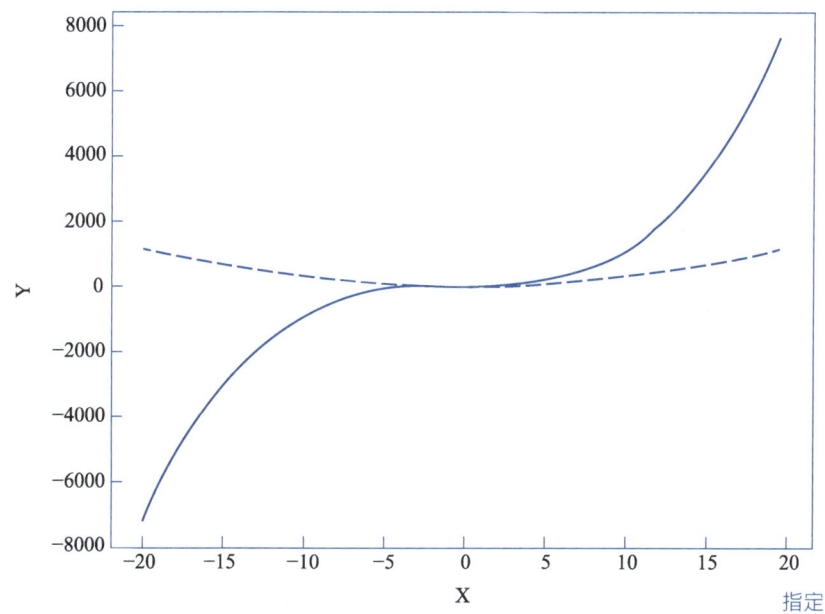

图 6-13
指定 plot( )函数的参数绘制的曲线

3. 绘制子图

在下面的示例中，使用 numpy 的函数 poly1d( )创建多项式对象 $y = x^3 + 2x^2 + 3x + 4$，并将该对象赋值给变量 aPoly，求解该曲线的一阶导数 bPoly 和二阶导数 cPoly。通过 numpy 的 arange( )函数创建数组 X，作为直接坐标系的横轴其取值范围是[-20,20]。调用函数 aPoly( )、bPoly( )和 cPoly( )求解 X 对应的函数值 Y1、Y2 和 Y3。

视频 66
绘制子图

在同一幅图上创建 3 个子图，每个子图绘制一条曲线。绘制子图的代码如下所示。

```
plt.subplot(311)
plt.plot(X,Y1,"r-")
plt.xlabel("X")
plt.ylabel("Y1")
plt.title("Polynomial")
```

首先使用 subplot( )函数指定绘图区域。其参数是"311"，表示将该图的绘图空间分为 3 行 1 列的子图空间，当前的子图位于第一个子图空间。然后使用 plot( )函数指定二维坐标系以及曲线的样式，最后设置横、纵坐标的名称以及子图的名称。

这部分的完整代码如下所示。

```python
import numpy as np
import matplotlib.pyplot as plt

aPoly = np.poly1d([1,2,3,4])
bPoly = aPoly.deriv(m=1)
cPoly = aPoly.deriv(m=2)
X = np.arange(-20,20)
Y1 = aPoly(X)
Y2 = bPoly(X)
Y3 = cPoly(X)


plt.subplots_adjust(wspace =0, hspace =0.8)

plt.subplot(311)
plt.plot(X,Y1,"r-")
plt.xlabel("X")
plt.ylabel("Y1")
plt.title("Polynomial")

plt.subplot(312)
plt.plot(X,Y2,"go")
plt.xlabel("X")
plt.ylabel("Y2")
plt.title("First-order Derivative")

plt.subplot(313)
plt.plot(X,Y3,"b*")
plt.xlabel("X")
plt.ylabel("Y3")
plt.title("Second-order Derivative")

plt.show( )
```

在上述代码中，使用函数 subplots_adjust( )指定了子图的行间距和列间距。在这里，设置其 hspace 参数的值是 0.8，以避免子图重叠。

执行上述代码，输出结果如图 6-14 所示。

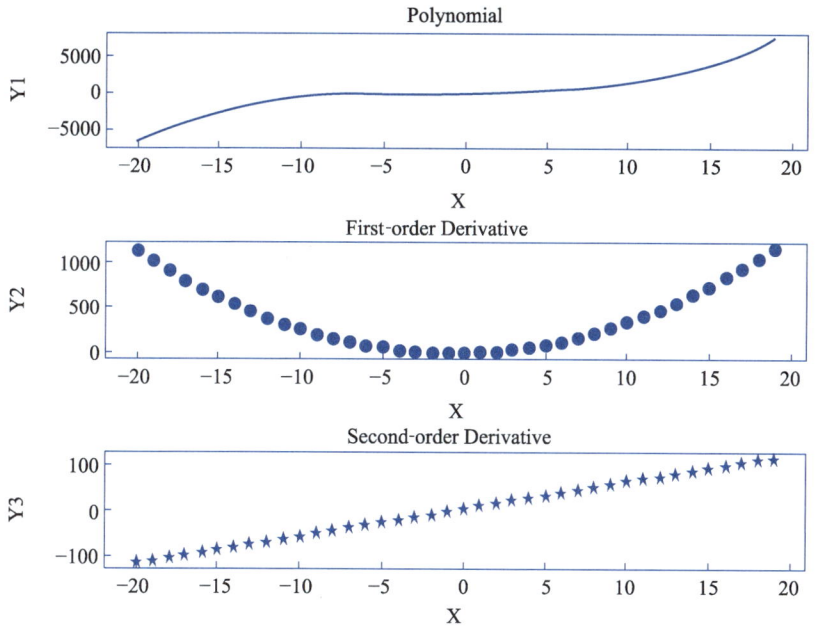

图 6-14 绘制子图

6.5 素养提升

通过对商品销量进行相关性分析，创新性的发掘并用好数据提供的信息，为提高生产和经济质量提供有益帮助。在学习软件开发的工程中，也应该发扬勇于创新的精神，不断提高学习方法和学习效果，努力成为综合能力突出的软件开发技术技能人才。

6.6 课后练习

一、填空题

1. 使用 numpy 的_____函数可以求解矩阵的对角线元素。
2. 使用 numpy 的_____函数可以求解矩阵的迹。
3. 使用 numpy 的_____函数可以求解两个数组的协方差矩阵。

二、判断题

1. 方差用于衡量两个数据误差的大小。（   ）
2. 标准差越大，说明大部分数值和其平均值差异越大。（   ）
3. 如果两个变量的变化趋势一致，也就是说如果其中一个大于自身的期望值，另一个也大于自身的期望值，那么两个变量之间的协方差就是负值。（   ）
4. 相关系数是研究变量之间线性相关程度的量。（   ）

三、综合题

绘制函数"$y=\sin x+\cos x$"及其一阶导数的函数曲线，要求自变量范围是[-10,10]。函数曲线是绿色实线，一阶导数的曲线是红色点画线。

郑重声明

高等教育出版社依法对本书享有专有出版权。任何未经许可的复制、销售行为均违反《中华人民共和国著作权法》，其行为人将承担相应的民事责任和行政责任；构成犯罪的，将被依法追究刑事责任。为了维护市场秩序，保护读者的合法权益，避免读者误用盗版书造成不良后果，我社将配合行政执法部门和司法机关对违法犯罪的单位和个人进行严厉打击。社会各界人士如发现上述侵权行为，，希望及时举报，我社将奖励举报有功人员。

反盗版举报电话 （010）58581999　58582371

反盗版举报邮箱 dd@hep.com.cn

通信地址 北京市西城区德外大街4号　高等教育出版社法律事务部

邮政编码 100120

读者意见反馈

为收集对教材的意见建议，进一步完善教材编写并做好服务工作，读者可将对本教材的意见建议通过如下渠道反馈至我社。

咨询电话 400-810-0598

反馈邮箱 gjdzfwb@pub.hep.cn

通信地址 北京市朝阳区惠新东街4号富盛大厦1座　高等教育出版社总编辑办公室

邮政编码 100029